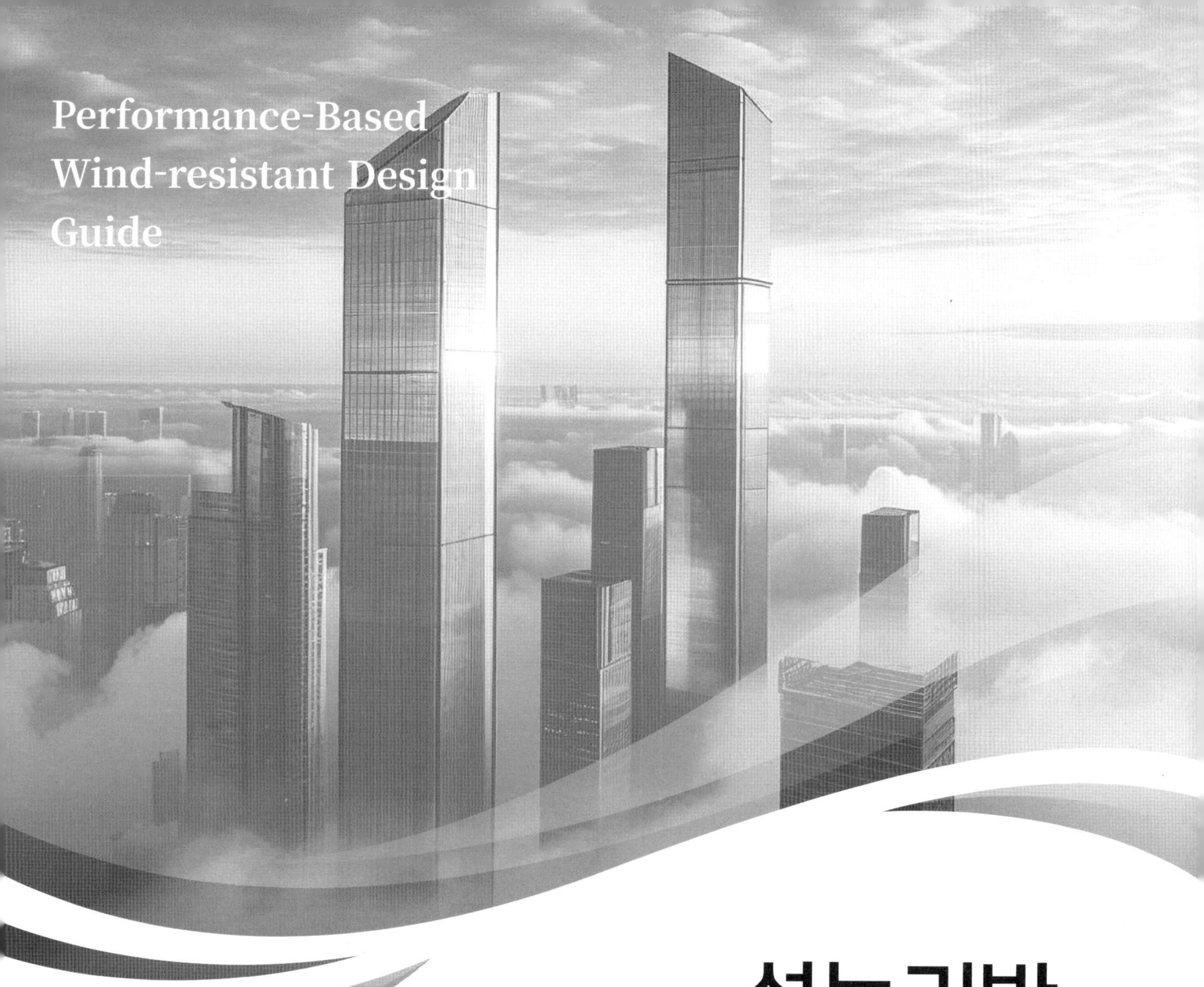

Performance-Based Wind-resistant Design Guide

성능기반 내풍설계 지침

(사)한국풍공학회 | (사)한국건축구조기술사회

도서출판
구미서관

집필진

학	한국풍공학회	위원장	국립금오공과대학교	하영철 교수
산	한국풍공학회	위원	㈜한빛구조ENG	김대영 대표
산	한국풍공학회	위원	㈜씨앤피동양	김지영 상무
학	한국풍공학회	위원	단국대학교	이상현 교수
학	한국풍공학회	위원	전남대학교	황재승 교수
산	한국건축구조기술사회	위원	티아이구조기술사사무소	김태진 대표
산	한국건축구조기술사회	위원	㈜창민우구조컨설탄트	정연기 사장
산	한국건축구조기술사회	위원	㈜디씨알	김시범 대표
학	한국풍공학회	간사	단국대학교	이용훈 연구원

자문·검토 위원단

자문위원	국립한국해양대학교	송화철 교수
	서울대학교	강현구 교수
	㈜대우건설	이성호 책임
	롯데건설㈜	전현수 팀장
	삼성물산㈜	김준삼 그룹장
	㈜포스코이앤씨	백재민 그룹장
	현대건설㈜	길용식 책임연구원
	DL건설㈜	박찬욱 차장
	DL E&C㈜	구정모 상무
	GS건설㈜	박성운 상무
	HDC현대산업개발㈜	박용현 상무
	SK에코플랜트㈜	이지훈 팀장

검토위원	(사)한국건축구조기술사회	김영민 회장
	㈜티이솔루션	주석준 부사장
	㈜한양풍동실험연구소	임준택 사장
	㈜혜안엔지니어링	김동우 대표
	㈜힐엔지니어링	우종열 대표

인 사 말

최근 기후 변화에 따른 이상기상 현상이 빈번하게 발생하면서 초고층 건축물은 과거보다 더욱 강력하고 빈번한 바람의 위협에 직면하고 있습니다. 이러한 극단적인 풍환경의 변화는 기존의 표준화된 설계 방식만으로는 충분히 대응하기 어려운 새로운 도전 과제가 되고 있으며, 건축물의 안전성과 사용성을 확보하기 위한 선진화된 설계 기술이 요구되고 있습니다.

성능기반 내풍설계는 이러한 시대적 요구를 충족하기 위한 설계 패러다임으로, 설계 초기에 목표 성능을 명확히 설정하고, 이에 따라 구조물의 성능을 정밀하게 평가하여 설계의 합리성과 효율성을 높이는 설계 기법입니다. 성능기반 내풍설계를 통해 기존의 보수적인 설계 방식에서 벗어나 실질적인 구조물의 안전성과 성능을 보다 정확히 평가하고, 이를 통해 보다 경제적이고 효과적인 구조 설계를 실현할 수 있습니다.

이에 (사)한국풍공학회와 (사)한국건축구조기술사회는 국내의 다양한 건축물과 구조물의 특성을 반영하고, 국내 풍환경과 구조 기술 수준에 적합한 「성능기반 내풍설계 지침」을 공동으로 개발하게 되었습니다. 본 지침은 국내외 최신 연구 결과 및 다양한 실험 데이터와 실무 경험을 바탕으로 구체적인 설계 예제와 실무적 적용 방안을 담고 있으며, 특히 국내의 다양한 건축물과 장대 구조물을 대상으로 한 실제 사례와 검증 절차를 포함하여 실무자들이 현장에서 즉시 활용할 수 있도록 구성하였습니다.

본 지침 개발 과정에서는 국내 학계와 실무 전문가들이 폭넓게 참여하여 다양한 의견을 수렴하였으며, 현장에서의 실효성을 높이기 위한 심도 있는 논의와 연구를 수행하였습니다. 이를 통해 구조물의 내풍 성능 평가 및 설계 과정에서 발생할 수 있는 여러 실무적 문제점에 대한 실질적인 해법을 제시하였습니다.

「성능기반 내풍설계 지침」의 발간을 통해 국내의 풍공학 및 구조공학 기술이 한 단계 발전하고, 건축물과 구조물의 안전성 향상에 크게 기여할 것으로 기대합니다. 앞으로도 지속적인 연구와 발전을 통해 보다 나은 내풍설계 기술을 개발하여, 국가와 사회의 안전을 확보하는 데 앞장서겠습니다.

마지막으로 본 지침 개발을 위해 애써주신 (사)한국풍공학회와 (사)한국건축구조기술사회 소속 실무자 및 연구진, 그리고 여러 자문위원 여러분께 깊은 감사의 말씀을 드립니다.

2025년 6월

사단법인 한국풍공학회 회장 **황 재 승**

사단법인 한국건축구조기술사회 회장 **김 영 민**

간 행 사

최근 국내에서는 사무용, 주거용 건물의 고층화가 진행되고 있으며, 장래에는 더 많은 고층건물이 건설될 것으로 예상됩니다. 건물이 고층화 할수록 설계하중은 풍하중에 의존하게 됩니다. 강풍의 작용으로 고층 건물에서 발생하는 과도한 수평변위는 건물의 주골조 및 외장재에 심각한 손상을 발생시켜 건물의 기능성을 유지하기 어렵게 할 수 있고, 강풍이 장시간 지속되면서 발생하는 수평진동은 건물의 사용자에게 견딜 수 없을 정도의 불쾌감을 유발시켜 주거성에 심각한 문제를 야기할 수 있습니다.

국내의 해안가 근처에 세워진 고층 주거건물의 경우 강풍이 불면 수평변위가 크게 발생할 뿐만 아니라 수평진동이 장시간 계속되어 거주자가 견딜 수 없을 정도의 불쾌감을 느끼는 레벨까지 도달하고 있습니다. 그리하여 진동으로 인한 거주성을 확보하는 것이 중요한 이슈로 대두되고 있는 실정입니다.

그러나, 건물의 기능성을 유지하기 위한 수평변위의 한계값 및 거주성을 만족시키기 위한 수평진동의 한계값을 정량적으로 규정한 나라는 거의 없고, 이 한계값을 건축주가 결정하도록 유도하고 있습니다. 따라서, 건축주가 건설할 고층건물에 적용할 수평변위 및 수평진동가속도의 적정 값을 결정하기 위해서는 전문가의 도움이 필요합니다.

KDS 41 12 00: 2022의 5.풍하중 편에서도 건축구조물의 구조안전과 기능성 및 거주자의 사용성을 충족하기 위해 필요한 최소한의 성능수준을 규정하고 있고, 수평변위, 수평진동가속도를 산정하는 방법은 자세하게 규정하고 있지만, 그 한계값은 최종적으로 건축주가 판단하여 결정하도록 하고 있습니다. 건축주는 전문가의 도움이 필요하게 됩니다.

실제 건물을 건설할 경우 건축주는 기준을 충족하는 것은 물론이고 최적의 구조성능을 구현하는 건물을 완성하고자 할 것입니다. 최적의 구조성능을 구현하기 위해 목표성능수준을 결정하고, 그것을 달성할 수 있도록 건물을 설계하는 것이 성능설계(PBD: performance based design)입니다. KDS 41 12 00: 2022의 5.풍하중 편에서는 「성능기반 내풍설계(PBWD: performance based wind design)」를 규정하고 있으며, 풍하중에 대한 거주사용성(불쾌한 건축구조물 진동의 감지), 기능유지(건축구조물의 수평이동과 진동)및 지속거주(극한상태의 풍거동에 대한 건축구조물 강도의 안전)에 대한 목표성능을 설정하고, KDS 2022에 규정한 풍하중, 풍동실험, 성능기반 내풍설계법을 적용하여 목표성능을 만족하는 설계를 할 수 있도록 하고 있습니다. 그러나, KDS 2022의 「성능기반 내풍설계」에서는 적용범위, 하중의 모델화 및 구조해석, 구조성능 단계별 성능목표, 비탄성 거동을 고려한 풍하중, 시각이력 풍하중 데이터 산정, 책임 및 검증에 대한 방법론만 규정하고 있기 때문에 구조엔지니어들이 실무에 적용하기 위해서는 길잡이가 될 지침서가 필요합니다. 이에 (사)한국풍공학회와 (사)한국건축구조기술사회의 전문가 들이 공동으로 노력하여 「성능기반 내풍설계 지침」을 집필하여 발간하게 되었습니다.

「성능기반 내풍설계 지침」은 1. 일반사항, 2. 성능목표 및 허용기준, 등가정적 풍하중 및 시계열 풍력 산정, 4. 제한적 비탄성 내풍구조설계, 5. 모델링 및 해석, 6. 보고서 및 제3자 검토, 7. 적용 예제, 8. 실무 사례로 구성되어 있습니다.

구조엔지니어가 「성능기반 내풍설계 지침」을 잘 활용하면 KDS 2022에서 규정하고 있지 않는 고층건물에 대하여 설계, 검증 및 해석, 재료, 구조적·비구조적 시스템 및 장치를 사용하여 건설할 수 있습니다. 따라서 KDS 2022에 따라 설계한 내풍성능보다 나은 성능을 가진 건물을 경제적으로 설계할 수 있을 것입니다.

끝으로 3여년에 걸쳐 「성능기반 내풍설계 지침」 집필에 헌신해 주신 집필위원들과 연구비를 지원해 주신 (사)한국건축구조기술사회, (주)티이솔루션, (주)한양풍동실험연구소, (주)혜안엔지니어링, (주)힐엔지니어링께 깊은 감사의 뜻을 전합니다.

2025년 6월

「성능기반 내풍설계 지침」 집필위원회 위원장 **하 영 철**

Contents

성능기반 내풍설계 지침

1 일반사항

2 성능목표 및 허용기준

3 등가정적 풍하중 및 시계열 풍력 산정

4 제한적 비탄성 내풍구조설계

Contents

8 실무사례

1

일반사항

1 일반사항

1.1 성능기반 내풍설계 개요

(1) 성능기반 내풍설계는 풍하중에 대하여 거주자의 사용성, 건축물의 기능유지 및 안전성에 대한 목표성능을 설정하고 목표성능을 만족하도록 대상건축물을 설계하는 것이다.

(2) 「KDS 41 12 00 : 5.19 (성능기반 내풍설계)」에서 성능기반 내풍설계 관련 기준을 제시하고 있으며, 건축물의 중요도에 따라 풍하중에 대한 건축물의 목표성능과 주요내용을 규정하고 있다.

(3) KDS 기준에서는 성능기반 내풍설계 시 구조안전성 목표성능수준의 풍하중에 대하여 건축물의 제한적인 비탄성 거동을 허용하고 있다.

해설 (1) 성능기반 내풍설계는 풍진동 가속도에 대하여 사용성을 만족하고, 수평변위에 의한 비구조재 파손 및 엘리베이터 운행 정지 등으로 인하여 건축물의 기능이 상실되지 않아야 하며, 극한 풍하중에 대하여 안전성을 확보하는 기본적인 목표성능을 만족해야 한다.

(3) 건축물의 내진설계는 〈해그림 1.1.1〉과 같이 2,400년 재현주기 지진하중을 최대지진하중(V_{E2400})으로 설정하고, 최대지진하중의 2/3수준에 해당하는 설계지진하중($2/3\,V_{E2400}$)으로 건축물을 설계한다. 경제적이면서 안전한 내진설계를 위해 구조시스템별 반응수정계수(R)을 설계지진하중에 적용하여, 대상 건축물에 대한 비탄성 내진설계($2/3\,V_{E2400}/R$)를 수행한다. 기존 내풍설계는 500년 또는 900년 재현주기 풍하중($2/3\,V_{W500}$, V_{W900})에 대하여 탄성설계의 개념을 바탕으로 이루어진다. 이 때 극한 풍하중 작용시 일부부재가 항복할 수 있으나 전체 구조물은 탄성에 가까운 거동을 나타낸다.

설계기준에 따라 산정한 대상 건축물의 지진하중은 반응수정계수(R)을 적용하여 산정하였기 때문에 실제 주요 지진의 하중수준보다 낮다. 그러나 내진상세 적용 등을 통해 부재의 연성적인 거동을 유도하여 대상 건축물이 큰 지진에 견딜 수 있도록 한다. 이와 반대로 구조설계용 풍하중은 실제 극한 하중에 가까우며, 이를 이용한 탄성개념의 구조설계 시 부재의 연성거동을 기대하기 어려울 수 있다. 따라서 구조설계시 대상건축물의 층간변위, 부재강도가 풍하중에 의해 지배될 경우 대상 건축물이 큰 지진에 견딜 수 있는 충분한 연성을 발휘하기 어려울 수 있다. (Kwag et al., 2021)

〈해그림 1.1.1〉과 같이 반응수정계수를 고려한 설계 지진하중보다 극한 풍하중(500년 재현주기)이 큰 경우, 풍하중에 대한 탄성설계를 통해 변형지배부재의 연성능력이 저하되고 벽체, 인방보의 전단 등 힘지배 요소가 과보강될 수 있다. 이에 따라 강진이 발생할 경우 취성적인 건축물의 붕괴가 발생할 가능성이 있다. 선행 연구에서도 풍하중 지배로 설계된 180m (45층) 건물에 대하여 Pushover 해석을 수행 한 결과, 횡력에 의해 코어월+인방보에 부재력이 집중되어 인방보에 취성적인 파괴가 발생함으로써 큰 지진에 대한 연성능력이 충분히 확보되지 못하는 것으로 나타났다. (Jeong et al., 2021)

현행 풍하중 기준은 대상 건축물의 중요도와 Hazard 수준에 따라 탄성설계 개념으로 등가정적 풍하중을 산정하고, 각 부재에 대한 강도설계를 실시하도록 제시하고 있다. 그러나, 기준에서는 외장재의 변형 수준, 진동사용성 기준 등 특정한 사용성에 대한 평가방법과 극한하중 상태에서의 비탄성 거동을 고려한 효율적인 구조설계 방법을 대부분 제시하고 있지 않다. 이러한 내풍설계에 대한 현행 기준의 한계를 성능기반 내풍설계를 도입하면 해결할 수 있다. (Mohammadi et al., 2019)

ASCE Standard 7-22에서는 성능기반 내풍설계를 규정하고, ASCE Prestandard (2023)를 통해 풍하중에 대한 대상건축물의 목표성능과 허용기준 등 성능기반 내풍설계의 구체적인 사항을 제시하였다. 성능기반 내풍설계를 통해 극한 풍하중에 대한 제한적인 비탄성 설계가 가능하므로 〈해그림 1.1.1〉과 같이 극한 지진과 강풍 작용시 대상 건축물의 연성적인 거동을 유도하여 구조안전성을 향상할 수 있다. 또한 거주자의 사용성 및 건물의 기능유지를 평가하여 목표성능수준에 따른 설계가 가능하다.

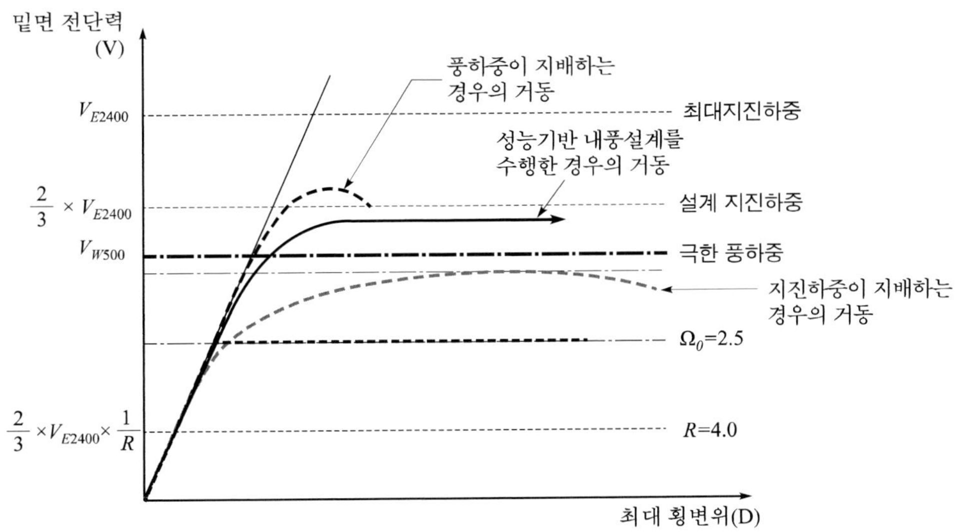

〈해그림 1.1.1〉 성능기반 내풍설계 개념

1.2 성능기반 내풍설계 절차

1.2.1 적용범위

(1) 다음의 각 항에 해당하는 경우에는 성능기반 내풍설계를 적용할 수 있다.

① 풍동실험을 수행하여 강풍으로 발생하는 건축구조물의 진동 및 변위에 대한 사용성과 풍하중에 대한 구조안전성에 대해 다양한 목표성능수준을 만족하도록 건축구조물을 설계하고자 하는 경우

② 「KDS 41 12 00 5.1.4(특별풍하중)」의 (1) 풍진동의 영향을 고려해야 할 건축구조물에 해당하는 경우

③ 구조안전성에 대해서 바람에 의한 건축구조물의 손상이후 중력하중에 대하여 저항능력을 유지한다는 전제하에 연성거동(ductile behavior)을 하도록 설계된 부재들에 대해서 저사이클 피로파괴(low cycle fatigue failure)를 방지할 수 있는 제한적인 비탄성거동을 허용하는 건축구조물인 경우

④ 고차진동모드 또는 연성진동모드(Coupled vibration mode)의 영향이 클 것으로 예상되는 건축구조물의 경우

해설 (1) 본 지침은 「KDS 41 12 00 : 5.19(성능기반 내풍설계)」에서 규정한 내용에 의거하여 작성되었으며, 5.19(성능기반 내풍설계) (1)에서 제시한 적용범위를 본 지침의 적용범위로 한다. 이외 적용범위에 대해서도 성능목표, 허용기준 및 평가방법을 제시하고 Peer Review를 통해 해당 내용에 대한 검토·승인한 경우 성능기반 내풍설계를 수행할 수 있다.

Peter A. Irwin(2009)는 초고층 건물을 대상으로 버피팅(buffeting)과 와류 발생(vortex shedding)에 의한 수평 방향의 최대 가속도 응답을 평가한 사례에서 1차모드만 고려한 풍응답 평가결과 대비 고차모드를 고려한 결과가 크게 나타난다는 것을 보여주었다. Enrica Bernardini 등(2012)은 건축물 하중 산정을 위한 풍력실험 방법론을 대상으로 공기역학적 불확실성 (aerodynamic uncertainties)의 개념을 도입하고 이를 정량화한 연구를 통해, 비정형 고층 건축물에 대한 모드형상보정 풍력실험의 결과가 실제와 다를 수 있다고 제시하였다.비정형건물에 대한 풍응답 비교에서 모드형상보정 풍력실험의 결과와 풍압적분을 이용한 결과가 뚜렷한 차이를 보이며, 고차모드의 기여를 무시할 경우 모드형상보정 풍력실험이 최대 20%까지 변위를 과소평가하는 것으로 나타났다. 이러한 사항을 고려하여 ASCE 'Design and performance of tall buildings for wind (2022)'에서는 풍압적분을 이용한 방법으로 고차 진동 모드를 동적 해석에 포함할 수 있으며, 층고에 따른 풍력 분포를 보다 정밀하게 해석할 수 있으며, 특이한 구조 동특성을 가지는 비대칭 구조 시스템과 하중전달 시스템이 특이한 연결 타워 구조를 가진 초

고층 건물의 풍응답 평가에 이 방법이 유용하다고 제시하였다. 또한, 풍하중에 의해 건물의 고차 진동 모드가 활성화될 경우, 풍력실험 결과를 풍압적분 기법으로 검증하는 것을 권장하고 있다. 따라서, 고차모드 또는 연성진동모드의 영향이 클 것으로 예상되는 건축물에 대하여 풍압적분과 시간이력응답해석에 기반한 성능기반 내풍설계를 적용하는 것이 요구된다.

1.2.2 절차

(1) 「KDS 41 12 00 : 5 (풍하중)」 기준에 따른 성능기반 내풍설계 절차(안)은 〈그림 1.2.1〉과 같다.

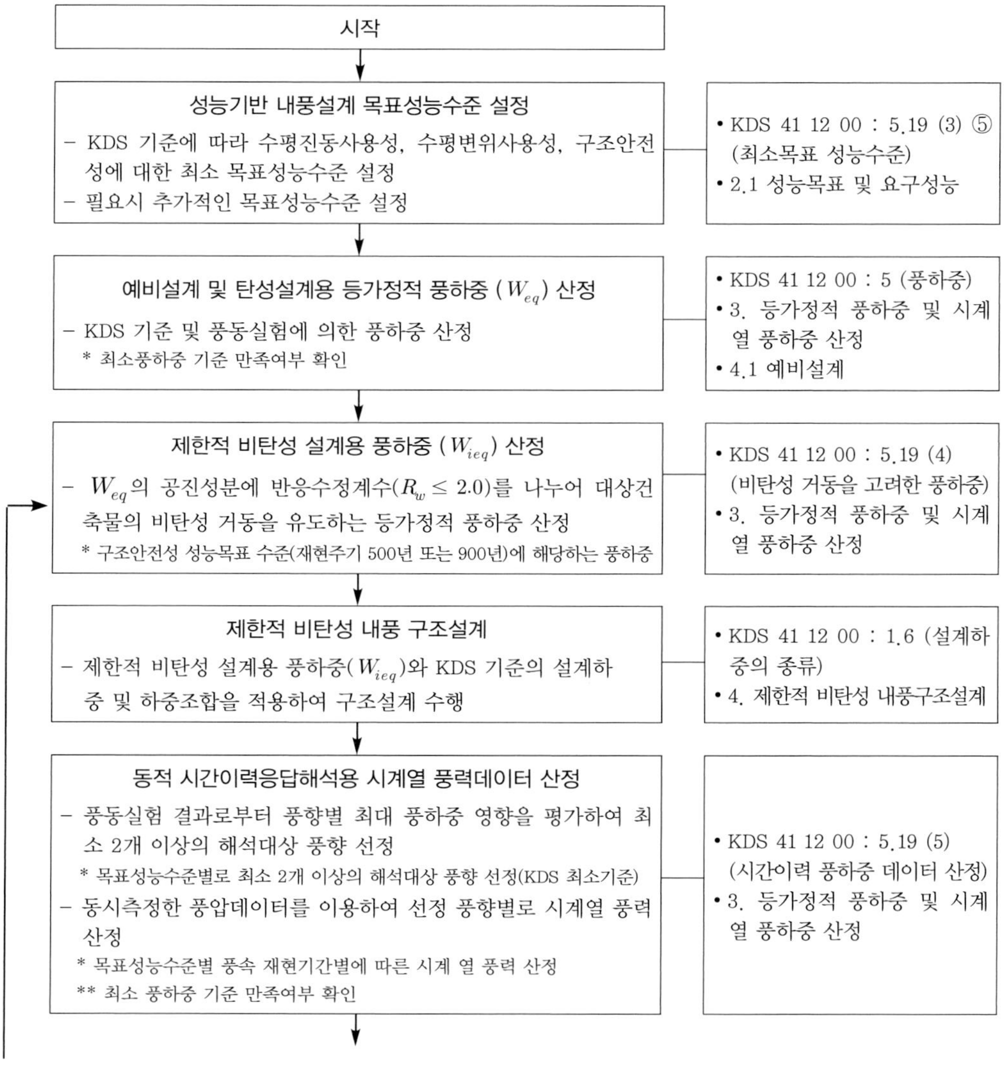

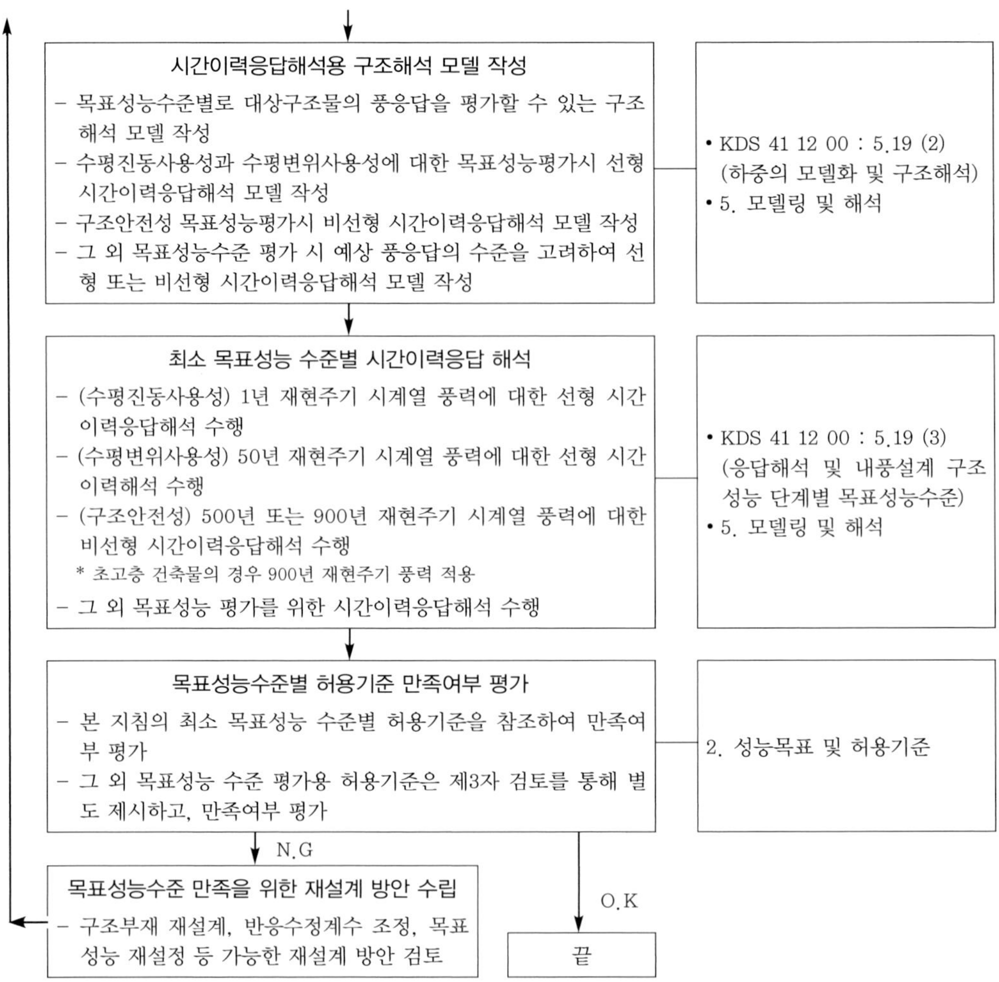

* 주요 단계별로 제3자 검토를 수행하고, 보고서 작성 : KDS 41 12 00 : 5.19 (3) (성능기반 내풍설계의 책임 및 검증), 6. 보고서 및 제3자 검토

〈그림 1.2.1〉 성능기반 내풍설계 절차(안)

해설 (1) KDS 풍하중 기준에서 성능기반 내풍설계와 관련하여 규정한 사항을 반영하고, ASCE Prestandard(2023)에서 제시한 Method 1의 절차를 준용하여 성능기반 내풍설계 절차(안)을 제시하였다. 제3자 검증과정을 통해 추가적으로 필요한 절차를 제시하고 수행할 수 있다.

본 지침 3.4.1에 따라 각 축방향별 수평 풍하중 영향 및 조합 풍하중 영향과 비틀림 풍하중 영향을 고려하여 시간이력응답해석의 대상 풍향을 선정하여야 한다. 특정풍향의 하중영향에 대한 풍응답 평가가 다른 풍향의 풍응답 평가를 포함할 수 있는 경우 해석에 필요한 풍향의 수를 줄일 수 있으나 「KDS 41 12 00 : 5.19 (5)」에 따라 최소 2개 풍향 이상에 대하여 시계열 풍력데이터를 산정하여야 한다.

1.3 특기사항

(1) 본 지침에서 제시한 사항은 성능기반 내풍설계를 위해 검토해야 할 최소한의 사항이며, 필요시 추가적인 성능목표 및 허용기준과 평가절차를 제시하고 성능만족여부를 평가하여야 한다.

1.4 용어의 정의

- **DCR**(Demand to Capacity Ratio) : 풍하중에 의한 요구성능과 부재의 구조적성능(능력)의 비율
- **SRSS**(Square Root of Sum of Square) : 제곱합 제곱근법의 약어로 모드조합법중 하나이며, 구조물의 전체 최대응답을 구하기 위해 사용되는 방법
- **강체회전변형** : 물체가 전단 또는 휨 변형 없이 회전할 때의 변형.
- **건축물 안전영향평가** : (건축법 제13조의 2 참조) 초고층 건축물 등 대통령령으로 정하는 주요 건축물에 대하여 (건축법 제11조에 따른) 건축허가를 하기 전에 건축물의 구조, 지반 및 풍환경 등이 건축물의 구조안전과 인접 대지의 안전에 미치는 영향 등을 평가하는 것
- **공기력감쇠** : 구조물이 진동할 때 발생하는 유체(공기)와의 상호작용으로 인해 진동 에너지가 부분적으로 소산되는 현상. 공력감쇠는 양(+) 또는 음(−)의 값을 가지며 구조물의 진동을 억제 또는 증폭하는데 영향을 미침
- **공력특성** : 건물의 모양과 형태가 풍하중과 상호작용하여 동적 응답에 영향을 미치는 특성
- **구조감쇠** : 구조체를 구성하는 재료가 진동을 감소시키는 성질
- **기류모델** : 풍동실험 시 기류의 유동 특성(평균 풍속 분포, 난류 강도, 파워스펙트럼 등)을 실험실 규모에 맞게 축소하여 재현한 유동모델
- **등가 선형 점성감쇠비** : 동적 응답 거동을 예측하는 데 사용되는 단일 점성 감쇠 메커니즘으로 모델링된 시스템의 에너지 소산 정도
- **레이놀즈 영향** : 레이놀즈수는 유체흐름에서 관성력과 점성력의 상대적인 크기를 나타내는 무차원 수이며, 레이놀즈수 영향은 레이놀즈수의 변화에 따라 경계층 발달, 와류

발생 등의 공력특성 또는 유체의 유동특성이 달라지는 현상임

- **레일리 감쇠** : 감쇠행렬을 구조물의 질량행렬과 강성행렬의 선형결합으로 가정한 것
- **모드감쇠비** : 구조물의 각 진동 모드에서의 감쇠비.
- **모드중첩법** : 다자유도의 응답산정에 있어서 각 차 모드의 응답을 구하여 각 모드의 참여율에 따라 중요 모드만을 합하여 전체 변위 등의 응답을 계산하는 근사해석법
- **백스테이 효과** : 포디움 구조물 내에서 발생하는 일련의 횡력이 포디움 구조물 위로 뻗어 있는 타워의 횡력과 모멘트의 평형을 이루기 위해 발생하는 현상
- **변동풍압(력)** : 시간에 따라 변하는 풍압(풍력)의 변화성분
- **비선형 시간이력응답해석** : 구조물에 적용된 구조요소의 강성을 비선형으로 고려한 시간이력응답해석으로, 구조물에 큰 변형 또는 비탄성 변형이 예상될 경우에 적절한 해석방법
- **풍동실험 상사법칙** : 축소 모형을 이용한 풍동실험 결과를 실제 구조물(실규모, prototype)에 정확하게 환산(apply)하기 위해, 모형과 실구조물 사이에 유동의 물리적 특성들이 동등하게 유지되도록 설정한 무차원 조건 또는 유사성 기준. 풍동실험 상사조건에는 기하학적 상사, 운동학적 상사, 동역학적 상사 조건을 고려함
- **선형 시간이력응답해석** : 구조시스템에 적용된 구조요소의 강성을 선형으로 고려한 시간이력응답해석
- **실험기류** : 모형을 이용한 풍동실험에서 모형 크기에 맞춰 축소한 바람
- **연결보** : 이중코어 벽식구조, 전단벽식 구조 등에서 벽체간을 연결하여 횡력저항 성능을 향상시키는 보부재
- **요구성능** : 건축물 또는 구조 시스템이 예상되는 사용 조건, 하중, 재해(지진, 바람 등)에 대해 만족해야 하는 최소한의 기능적·구조적 성능 수준
- **잔류변위비** : 최대 비탄성 변위에 대한 잔류변위의 비율
- **잔류층간변위비** : 잔류층간변위를 층고로 나눈 비율
- **저사이클 피로** : 하중의 반복 횟수가 약 1,000~10,000회 사이에서 발생하여 재료내부의 소성변형누적으로 인하여 균열, 파괴가 발생하는 현상
- **제한적 비탄성 거동** : 성능기반 내풍설계에 있어서 구조물 또는 구조 부재가 국부적이고 제어 가능한 수준의 소성변형을 허용하되, 구조 시스템의 전체적인 안정성, 연성, 기능성 및 복구 가능성이 유지되는 거동
- **풍동실험** : 건축구조물을 축소 모형으로 제작하여 풍동(wind tunnel) 내에 설치하고,

다양한 기류 조건 하에서 구조물 주위의 유동 특성 및 구조물에 작용하는 풍하중, 압력 분포, 공력 응답 등을 실험적으로 측정 · 분석하는 실험

- **풍속고도분포** : 높이에 따른 평균풍속의 증가분포
- **풍압측정공** : 풍동실험에서 풍압측정을 위해 건물 모형에 구멍을 뚫어 풍압 센서를 설치하는 구멍
- **항복변형** : 구조물을 구성하는 부재의 일부가 항복점에 이를 때의 변형
- **횡변위비** : 탄성해석시 최대변위에 대한 비탄성해석에서의 최대변위의 비

2

목표성능 및 허용기준

2 | 목표성능 및 허용기준

2.1 목표성능 및 요구성능

(1) 대상 건축물의 거주사용성, 기능유지, 지속거주 성능확보를 위한 최소 목표성능 및 수준은 다음 〈표 2.1.1〉과 같다.

〈표 2.1.1〉 최소목표성능 및 요구성능수준

구분	거주사용성 (수평진동사용성)	기능유지 (수평변위사용성)	지속거주, 제한적 운영중단 (구조안전성)
풍속 재현주기	1년	50년	• 500년 • 900년(초고층 건축물)
풍하중 저항 주골조 시스템	• 성능목표 – 탄성거동 – 거주자 불쾌감 방지	• 성능목표 – 탄성거동 – 건물 기능 수행	• 성능목표 – 제한적 비탄성 거동 – 지속거주(제한적 기능장애) – 구조물의 부분 또는 전체 붕괴 방지 – 외장재, 비구조부재의 구조물 부착상태 유지

(2) 최소 성능목표이외에 대상 건축물의 기능유지, 안전성능 확보를 위해 필요한 경우 추가적인 성능목표를 수립하여야 한다.

(3) 목표성능 평가시 본 지침에 명시되지 않은 요소에 대한 허용기준은 실험을 통해 정한다.

해설 (1) 지침에서 제시한 성능목표는 「KDS 41 12 00 : 5.19(성능기반 내풍설계)」에서 제시한 최소목표성능에 따른 것이다.

〈해표 1.1.1〉 성능항목별 최소목표성능수준 (KDS 41 12 00 : 5.19 표 5.19-1)

성능항목	수평진동 사용성	수평변위 사용성	구조 안전성
풍속 재현기간	1년	50년	500년, 900년
목표성능수준	• 탄성거동 • 거주자 불쾌감 방지	• 탄성거동 • 기능수행	• 제한적 비탄성 거동 • 지속거주(제한적 기능장애)

(2) 지침에서는 대상건축물의 거주사용성, 기능유지 및 구조안전성 확보를 위하여 필요한 최소한의 성능목표를 제시한 것이며, 사용성, 기능성 및 안전성능 확보를 위해 필요한 경우 추가적인 성능목표 및 허용기준을 제시하고, 만족여부를 평가하여야 한다.

(3) 실험체 및 실험장치는 실제 건물에서의 구성형태와 경계조건을 가능한 한 모사해야 한다. 횡저항 요소에 가해지는 수직 중력하중의 영향을 최대한 고려해야 하며, 실제 건물에 작용하는 풍응답의 수준을 고려하여 가력계획을 수립한다.

2.2 수평진동 사용성(거주사용성) 허용기준 및 평가방법

2.2.1 중요도 분류

(1) 수평 진동 사용성 평가는 건물의 수평진동을 평가대상으로 한다. 대상 건축물의 중요도 분류와는 무관하게 풍응답평가를 위한 풍속 재현주기(Mean Recurrence Interval, MRI)를 1년으로 한다.

해설 (1) 수평진동 평가를 위한 풍속재현주기는 「KDS 41 12 00 : 2022, 5.14.2 (사용성 평가기준)」에 따른 1년으로 한다. 그러나 초고층 또는 세장한 건물의 경우 와류(Vortex Shedding)에 의한 진동이 상대적으로 아주 짧은 재현주기의 풍속에서도 발생할 수 있다. 경우에 따라 수평진동 사용성의 문제가 한 달에 한 번 이상 발생할 수 있기 때문에 0.1년의 풍속재현주기에 대해서도 평가할 필요가 있다.

2.2.2 허용기준

(1) 사무소 및 주거건물에 대한 수평진동가속도 허용기준은 풍진동과 관련한 국내외 진동사용성 기준을 적용하여 평가한다.

해설 (1) 〈그림 2.2.1〉, 〈그림 2.2.2〉에 나타낸 수평진동가속도 허용기준은 주파수 특성에 따른 최대가속도로 제시하였다. 주거용 건물의 허용기준은 사무용 건물의 허용기준(ISO 2007)의 2/3로 제시하였다. 풍속재현주기 1년의 허용기준은 ISO 10137(ISO 2007)을 참조하였고, 풍속재현주기 10년의 허용기준은 ISO 6897(ISO 1984)기준을 참조하여 1년 기준의 1.6배로 하였다. 풍속재현주기 0.1년의 허용기준은 주거용 및 사무용 건물에 대하여 동일하게 하였으며, 일본건축학회 가이드라인(AIJ 2004), ISO(2007), Denoon (2000), Burton(2015)을 참조하여 정하였다.

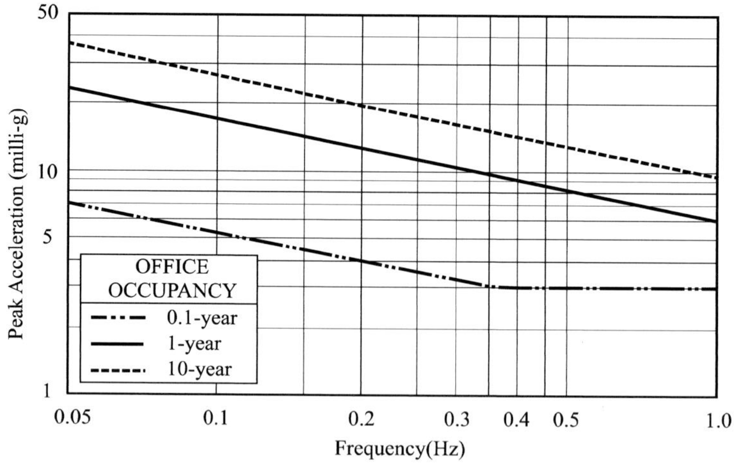

〈해그림 2.2.1〉 사무소 건물에 대한 수평진동가속도 허용기준(ASCE Prestandard, 2023)

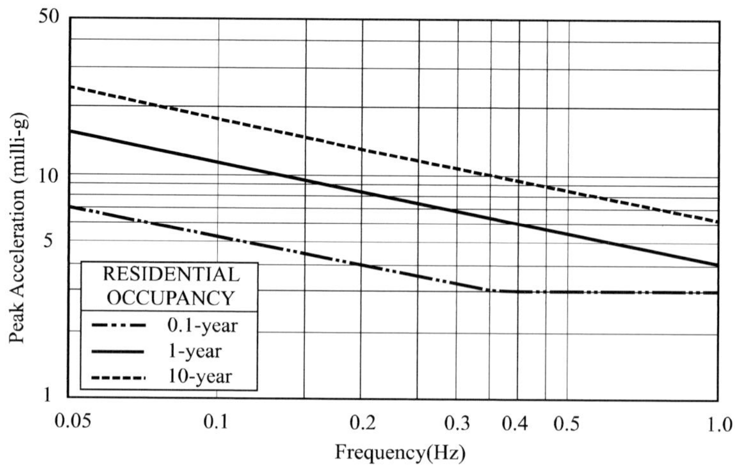

〈해그림 2.2.2〉 주거건물에 대한 수평진동가속도 허용기준(ASCE Prestandard, 2023)

2.2.3 요구성능 평가방법

(1) 재현주기별 시계열 풍력으로 선형 시간이력응답해석을 수행하여, 평가시간 10분의 샘플을 최소 5개 이상 작성하여 피크가속도의 기댓값을 산정한다. 피크가속도 기댓값과 허용기준을 비교하여 목표성능 만족여부를 평가한다.

해설

(2) 샘플평균을 통해 피크 풍응답의 기댓값을 산정할 수 있다. 재현주기별 시계열 풍력으로 선형 시간이력응답해석을 수행하여 KDS 기준에 따른 평가시간 10분의 가속도 샘플을

구하고, 샘플 피크값에 대한 평균으로 피크가속도의 기댓값을 구할 수 있다. 샘플평균을 통한 기댓값 산정시 평균화 샘플의 개수에 따른 수렴성을 확인하는 것이 필요하다.

2.3 수평변위 사용성(기능유지) 허용기준 및 평가방법

2.3.1 중요도 분류

(1) 수평변위 목표성능 평가 시 대상건축물의 중요도 분류와 무관하게 풍응답 평가를 위한 풍속재현주기를 50년으로 한다.

해설 (1) 수평변위 목표성능 평가를 위한 풍응답 평가용 풍속재현주기는 「KDS 41 12 00, 5.14.2 (사용성 평가기준)」에 따라 50년으로 한다. 외장재 및 비구조부재의 손상방지 등 건물 기능유지 평가를 위한 풍속재현주기를 50년으로 제시하였으나, 필요한 경우 복수의 재현주기 풍속을 추가할 수 있다.

2.3.2 허용기준

(1) 수평변위 사용성(기능유지) 목표성능 평가를 위한 평가 항목별 허용기준은 〈표 2.3.2〉과 같다.

〈표 2.3.2〉 수평변위 사용성(기능유지) 평가 허용기준

평가항목	평가기준
부재력	설계항복강도(강도저감계수 포함) 이내
최대 횡변위비	H/400~H/500, H는 건물 높이
변형손상지수(DDI)	변형손상지수 산정 : 해식 (2.3.1) 및 〈해그림 2.3.1〉에 따름 변형손상지수 허용값 : 〈해표 2.3.2〉에 따름

해설 (1) 수평변위 사용성 성능목표 수준에서 대상 건물의 주골조 시스템 거동은 탄성범위 이내이어야 한다. 주골조는 중력 및 횡력저항에 참여하는 모든 부재이며 수평변위 사용성 성능수준에서 탄성범위 이내로 거동하여야 한다. ASCE Prestandard에서 제시하는 바와 같이 외장재, 설비 등의 기능이 유지되어야 하므로 이를 지지하는 2차 부재도 기능유지가 가능한 탄성범위 이내로 거동하여야 한다. 구조안전성의 힘지배부재 평가시 강도저감계수가 포함된 설계강도로 평가하므로, 수평변위 사용성의 힘지배 및 변형지배

부재의 탄성범위 이내의 거동에 대한 판단도 설계강도(강도저감계수 포함)를 기준으로 판단한다.

일반적으로 변형손상지수(Deformation Damage Index, DDI)를 이용한 평가방법이 요구될 경우, 목표 기능수행(Operational Performance Objective) 수준으로서 H/400~H/500의 최대 횡변위비를 권장한다. (ASCE Prestandard, 2023)

최대 횡변위비, 변형손상지수 등 변형과 관련하여 제시한 허용기준은 건물 기능유지 평가를 위한 최소한의 평가기준이며, 필요시 이와 별도로 설비, 외장재, 비구조재 등에 대한 제조사 또는 산업규격을 만족시킬 수 있도록 개별 성능목표와 허용기준을 제시하고 평가하여야 한다.

해식 (2.3.1)과 〈해그림 2.3.1〉에 의해 산정되는 변형손상지수는 외장재 기능유지 여부에 대한 평가 시 건물의 휨거동으로 인한 수직부재의 인장·압축 변형을 고려할 수 있으며, 초고층 건물의 상층부에서 발생하는 강체회전변형(Rigid Rotation Deformation)을 제외함으로써 외장재와 칸막이벽에 대한 손상 가능성을 비교적 정확하게 평가할 수 있다. 이에 따라 최상층변위비 및 최대층간변위비에 의해 손상발생에 대한 과대 또는 과소평가 문제를 보완할 수 있다.

변형손상지수(DDI)는 직사각형 요소의 4개 노드에서 변위를 측정하여 요소의 전단 변형률을 구할 수 있으며 〈그림 2.3.1〉에서와 같이 패널 ABCD의 변형률을 해식 (2.3.1)과 같이 계산할 수 있다.

$$DDI = 0.5\left[\frac{X_A - X_C}{H} + \frac{X_B - X_D}{H} + \frac{Y_D - Y_C}{L} + \frac{Y_B - Y_A}{L}\right] \qquad \text{해식 (2.3.1)}$$

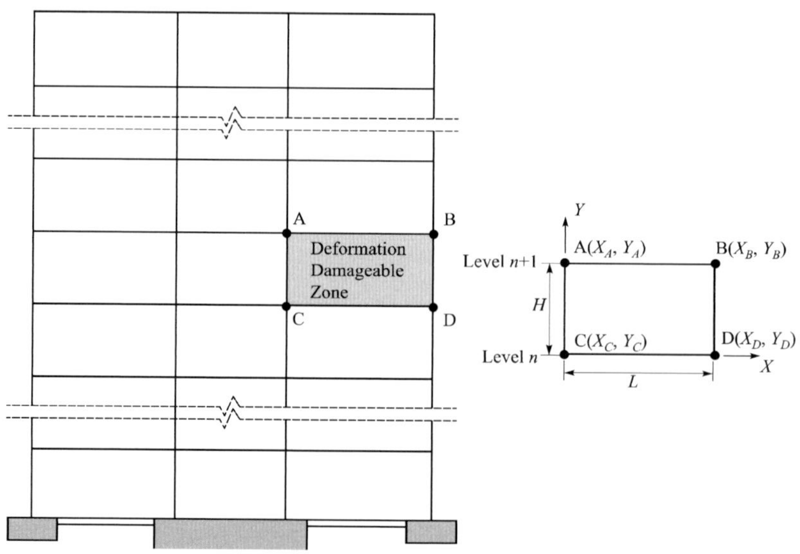

〈해그림 2.3.1〉 변형손상지수(DDI) 산정

〈해표 2.3.2〉 변형손상지수 허용값 (ATC Design Guide 3)

Building Element		Suggested DDI Limit
Exterior Cladding	Brick veneer w/ metal studs	0.0025
	Brick veneer w/ unreinforced masonry	0.0025
	Plaster or stucco	0.0025
	Architectural precast	0.0025
	Stone clad precast	0.0025
	Architectural metal panel	0.0100
	Curtain wall or window wall	0.0025
Interior Partitions	Gypsum drywall, plaster	0.0025
	Concrete masonry, unreinforced	0.0015
	Tile or hollow clay brick	0.0005
Elevators	Drywall enclosure	0.0025

또는, 해식 (2.3.2)와 같이 할선법(Secant method)을 사용하여 특정층 강체 회전에 의한 무의미한 층간 변위를 제거함으로써, 내·외장재나 승강기 등에 변형손상을 유발할 수 있는 유의미한 층간 변위를 구할 수 있다(Zhou et al, 2012).

$$\Delta\tilde{u}_i = u_i - u_{i-1} - \theta_{i-1}h_i = \Delta u_i - \theta_{i-1}h_i \quad \text{해식 (2.3.2)}$$

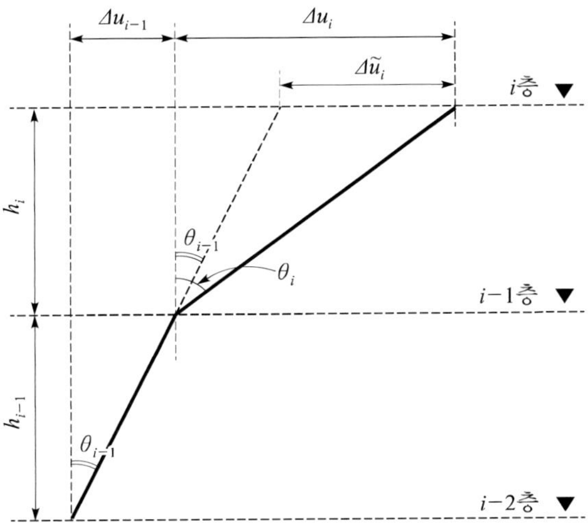

〈해그림 2.3.2〉 할선법을 이용한 유의미한 층간 변위의 추정

2.3.3 요구성능 평가방법

(1) 재현주기별 시계열 풍력으로 선형 시간이력응답해석을 수행하여, 평가시간 10분에 대한 샘플을 최소 5개 이상 작성하고, 부재력, 최대 횡변위, 최대 변형손상지수에 대한 기댓값을 산정한다. 최대 변위 기댓값과 허용기준을 비교하여 목표성능 만족여부를 평가한다.

해설 (1) 재현주기별 시계열 풍력으로 선형 시간이력응답해석을 수행하여, KDS 기준에 따른 평가시간 10분의 변위, 부재력 등 요구성능에 대한 풍응답 샘플을 다수 획득한 후 각 샘플의 피크값에 대한 샘플평균으로 피크응답의 기댓값을 구할 수 있다. 샘플평균을 통한 기댓값 산정시 평균화 샘플의 개수에 따른 수렴성을 확인하는 것이 필요하다. 일본건축학회(Architectural Institute of Japan, AIJ)의 「建築物荷重指針を活用する設計資料2(건축물 하중 지침을 활용하는 설계자료2)」에는 시간이력응답해석에서 하중지침과 같은 정밀도로 풍하중을 평가하기 위해 응답해석을 적어도 5회 실시하여 샘플의 평균을 구하도록 제시하고 있다.

최대 변위 기댓값 산정시 샘플평균 횟수에 따른 수렴정도에 대한 예시는 〈해그림 2.3.3〉과 같다.

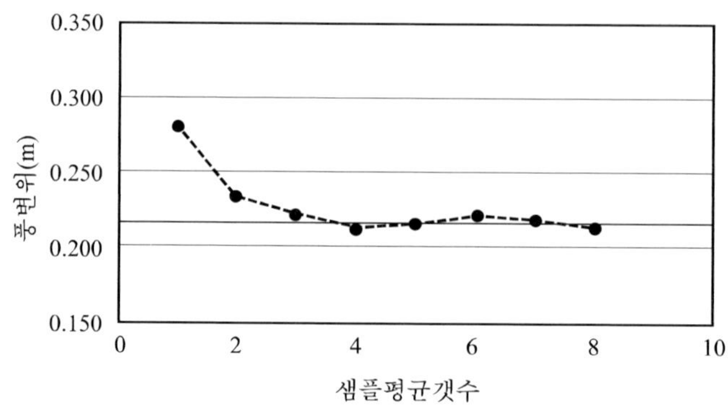

〈해그림 2.3.3〉 샘플평균 회수에 따른 기댓값 수렴(예시)

2.4 구조 안전성(지속거주) 허용기준 및 평가방법

2.4.1 중요도 분류

(1) 구조안전성(지속거주) 목표성능 평가 시 대상 건축물의 중요도 분류와 풍응답 평가를 위한 풍속재현주기는 〈표 2.4.1〉과 같다.

〈표 2.4.1〉 구조안전성(지속거주) 평가시 대상건축물 중요도별 풍속재현주기

중요도 분류 (KDS 41 10 05)	풍속재현주기(MRI)
중요도 특 및 1	500년
초고층 건물	900년

해설 (1) 구조안전성(지속거주) 목표성능평가를 위한 풍응답 산정용 풍속재현주기는 「KDS 41 12 00 : 5.5.6 (중요도계수)」에서 제시한 건축물의 중요도 분류 및 중요도 계수(I_w)에 따라 결정한다. 중요도 특 및 1인 경우 풍속 재현주기가 500년이며, 초고층 건축구조물에 대해서는 900년으로 한다.

〈해표 2.4.1〉 중요도 계수 (KDS 5.5.6 표 5.5-5)

중요도 분류	초고층건축구조물	특	1	2	3
중요도계수 I_W	1.05	1.00		0.95	0.90

주] 초고층건축구조물은 50 층 이상 또는 200 m 이상인 건축구조물

2.4.2 허용기준

(1) 풍하중 저항 주골조시스템(Main Wind Force Resisting System)에 대하여, 구조안전성(지속거주) 목표성능의 만족 여부를 평가하기 위하여 제시한 평가항목별 허용기준은 〈표 2.4.3〉과 같다.

〈표 2.4.3〉 구조안전성(지속거주) 목표성능 평가 허용기준

평가항목	평가기준
부재 항복	• 주골조내의 변형지배 부재의 제한적 비탄성 거동 허용 – 변형지배 부재의 피크변형이 IO(Immediate Occupancy)와 LS(Life Safety)의 중간값 이하
최대 횡변위 비	• H/200～H/300, H는 건물높이
잔류변위 비	• H/1000 이하, H는 건물높이

평가항목	평가기준
잔류층간변위비	• h/1000 이하, h는 층고
변형손상지수 (DDI)	• 변형손상지수 산정 : 해식 (2.3.1) 및 〈해그림 2.3.1〉에 따름 • 변형손상지수 허용값 : 0.02 (외장재 탈락·낙하 없음)
힘지배부재 Demand/Capacity 비 (DCR)	• DCR 1.0 이하 – 저항성능 : 부재 설계강도 (철근콘크리트, 강구조 등 구조설계 기준에 따른 강도저감계수 적용)
층안정성 평가	• 층안정성 및 기둥 부재력 전달 유지
층안정성 평가	• 층안정성 및 기둥 부재력 전달 유지
변형지배부재 D/C 비	• DCR 1.25 이하* – 저항성능 : 부재 기대강도 (강도저감계수 1.0 적용)
저사이클 피로평가	• 풍하중에 의한 저사이클 피로(Low Cycle Fatigue)파괴가 발생하지 않아야 함
기타 변형지배 요소	• 기초의 부상, 깊은 기초의 축력 및 휨, 부가 감쇠 시스템

* 1.25는 ASCE Prestandard에서 제시한 값으로 구조안전성 검토결과에 대한 제3자 검토를 통해 다른 값을 적용할 수 있다.

(2) 다음의 요소는 힘지배 요소로 분류한다. 풍하중 작용시 항복은 허용되지 않으며, 층 안정성과 기둥의 부재력 전달이 유지되어야 한다.

- 풍하중저항시스템에서 모멘트 골조 기둥의 축압축 및 전단
- 풍하중저항시스템에서 가새의 좌굴
- 풍하중저항시스템에서 전단벽의 전단
- 풍하중저항시스템에서 절점의 전단 또는 콘크리트의 패널존 전단
- 풍하중저항시스템에서 기둥의 좌굴
- 풍하중저항시스템에서 기둥의 전단
- 풍하중저항시스템에서 연결보(Link Beam)의 전단
- 풍하중저항시스템에 안정성을 제공하는 격막
- 격막 또는 슬래브 뚫림 전단
- 중력저항 보의 전단
- 중력저항 접합부
- 풍하중저항시스템에 의해 발생하는 지하벽의 면내 요구성능
- 깊은 기초 또는 얕은 기초의 전단 요구성능

(3) 다음의 요소는 변형지배요소로 분류한다. 풍하중 작용시 중력하중 지지 성능이 유지되는 경우, 제한적인 비탄성 거동을 허용할 수 있다.

- 풍하중저항시스템에서 연결보(Link Beam)의 휨

- 풍하중저항시스템에서 가새의 인장
- 풍하중저항시스템에서 전단벽의 휨
- 풍하중저항시스템에서 강구조 접합부의 패널존 전단
- 풍하중저항시스템에서 기둥의 인장
- 풍하중저항시스템에서 기둥의 휨
- 중력저항 보의 휨
- 중력저항 시스템 슬래브의 휨
- 모멘트골조 보의 힌지 영역의 휨
- 전단벽 힌지 영역의 축압축 및 휨

해설 (1) 구조안전성(지속거주) 목표성능 수준에서는 대상 건축물의 구조부재에 대한 제한적인 비탄성 거동을 허용한다. Alinejad et al. (2020)은 성능기반 내풍설계 시 대상건물의 구조적 성능수준을 ASCE 41-17에서 제시하고 있는 Damage Control(DC) 수준으로 제안하였다. ASCE 41에서는 DC 수준을 IO(Immediate Occupancy) 수준과 LS(Life Safety)수준의 중간값으로 제시하고 있다. DC 수준은 IO수준과 비교하여 기능회복이 다소 늦지만 LS 수준보다는 빠른 기능회복이 가능하며, 보다 높은 수준의 인명안전 수준을 확보할 수 있다. 본 지침에서도 제한적인 비탄성 거동의 최대 허용 기준으로 ASCE 41 C2.3.1.2.1의 손상제어 구조성능 수준인 Damage Control (DC) 수준에 따라 제시하였다.

최대 횡변위비, 변형손상지수 등 변형과 관련하여 제시된 허용기준은 건물 기능유지 평가를 위한 최소한의 평가기준이며, 필요시 이와 별도로 설비, 외장재, 비구조재 등에 대한 제조사 또는 산업규격을 만족시킬 수 있도록 개별 성능목표와 허용기준을 제시하고 평가하여야 한다. 또한, 수평변위사용성(기능유지) 목표성능에서 변형손상지수(DDI)가 만족 되었다 하더라도 수평변위사용성과 구조안선성(지속거주) 성능목표의 풍속재현주기 사이에 건물의 큰 동적응답이 발생할 경우 외장재에 대한 구조안전성 평가가 추가적으로 필요할 수 있다. 이러한 경우, 경우 대상이 되는 모든 풍속재현주기에 대하여 변형손상지수(DDI)를 평가하여 판단하는 것이 필요하다.

잔류변위 및 잔류층간변위는 풍하중지지 주골조시스템의 변형지배부재가 비탄성이력을 겪으면서 발생하게 된다. 특히, 잔류 층간변위는 주골조 시스템의 심각한 비탄성응답으로 인해 발생할 수 있다. 이로 인해 크리프와 관련한 변형의 증폭현상을 발생시킬 수 있으므로 층간변위의 제한으로 크리프 증폭을 제한할 수 있다.

Abdullah et al. (2020, 2021)은 철근콘크리트 연결보와 강재매립 철근콘크리트 연결보에 대하여 풍하중을 모사한 가력 Protocol에 따라 구조실험을 수행하고 구조성능을 분석하였다. 가력 Protocol은 임의 지점의 강풍작용 특성과 고층건물의 풍응답 해석결과를 근거로 작성하였다. 구조실험 결과에 따르면, 연결보 회전각에 대한 요구연성도 1.5 수준(1.5θ_y 10회 가력 수준)에서 콘크리트의 박리/박락, 철근의 좌굴/파괴 등 큰 손상이 발생하지 않는 것으로 나타났다. 또한, 내진상세의 적용여부, 슬래브의 유무, 보춤 대비 길이비 등에 따라서도 실험결과에서 큰 변화가 관찰되지 않았다.

ASCE Prestadard는 부재 단면 항복변형의 1.5배 이상에 해당하는 비탄성변형의 발생을 10회 이하로 제한하고 있으며, Coffin-Manson 관계식(Coffin, 1954)을 이용한 피로평가법 등을 적용하도록 제시하고 있다. 또한, 구조실험을 통해 대상 구조부재의 피로성능을 규명하는 경우 보다 큰 비탄성변형률과 더 많은 비탄성반복하중의 횟수(Cycle)를 허용할 수 있다.

(2) 힘지배 부재는 연성이 적은 부재로 정의되며 작용하중이 저항성능 수준을 초과하는 경우 대부분 취성적인 파괴 양상을 나타내는 부재이다. 2.4.2(3) 등 변형지배 요소에 대하여 기준 또는 지침에서 허용기준을 제시하지 않거나, 허용 기준을 결정하기 위해 부재실험을 실시하지 않은 경우에는 힘지배 부재로 간주한다.

(3) 변형지배 부재는 연성적인 비탄성 거동이 허용되는 부재를 의미하며, 저주파의 피로와 지속적인 반복하중을 받는 것을 고려해야 한다. 변형능력이 중요한 풍하중저항 주골조 시스템의 부재에 대하여, 풍하중에 의한 제한적인 비탄성 이력거동을 고려할 경우 적절한 기존 내진상세를 적용할 필요가 있다.

2.4.3 요구성능 평가방법

(1) 평가항목별 요구성능 산정을 위하여 비선형 시간이력응답해석을 수행하여야 한다. 안정적인 비탄성 풍응답 거동에 따른 목표성능별 허용기준의 평가를 위하여 이력사이클이 증가함에 따라 비탄성 풍응답이 한쪽 방향으로 누적되지 않고 수렴하는 것을 확인하여야 한다.

(2) 비탄성 풍응답이 수렴하였다고 판단되는 비선형 시간이력응답해석 결과를 이용하여 평가시간 1시간 이상의 풍응답 샘플을 3개 이상 작성한다. 이를 이용하여 최대변위비, DDI, 힘지배부재 DCR, 잔류변위비, 잔류층간변위비, 저사이클 피로 등 요구성능 기댓값을 산정하고, 허용기준과 비교한다.

(3) 요구성능 기댓값 산정시, 합리적인 근거를 제시하고, 이에 따라 1시간 미만의 비선형 시간이력응답해석 결과를 이용하여 산정한 요구성능 기댓값을 1시간 이상의 해석결과에 해당하는 요구성능 기댓값으로 환산한 경우, 이를 이용하여 허용기준 만족여부를 평가할 수 있다.

해설 (1) 〈해그림 2.4.1〉과 같이 지진하중과 달리 풍하중은 평균성분을 포함하고 있으며, 이로 인해, 구조물에 비탄성 풍응답이 발생할 경우 이력사이클이 반복되면서 비탄성 응답이 누적되는 현상이 나타난다. 따라서, 성능기반 내풍설계에서는 구조안전성 평가시 이러한 비탄성 응답의 누적이 수렴되는 것을 확인하고, 목표성능의 만족여부를 평가하여야 한다. 또한 요구성능 산정시 비선형 시간이력응답해석 결과에 대한 수렴여부에 대한 평가방법과 기준을 제시하는 것이 필요하다. 또한, 신뢰성있는 평가항목별 요구성능 산정을 위해 수렴시간부터 충분한 길이의 해석결과를 확보하여야 한다.

(2) 강풍의 지속 시간은 빠르게 이동하는 뇌우, 다운버스트와 며칠 동안 지속될 수 있는 허리케인까지 다양하다. Design Hurricane 개발을 위해 허리케인 지속시간에 대한 통계적 분석을 수행하였으며, 이를 통해 재현주기 300년 이상의 풍속 지속시간에 대한 통계적인 중앙값이 1.5시간에서 4시간으로 나타났다. (Kopp et al., 2021). 일반적으로 대부분의 설계에서 강풍의 지속시간을 1시간으로 고려하고 있으며, 피크풍압을 설정하기 위한 강풍의 지속시간으로 일반적으로 1시간을 적용한다. (Cook and Mayne, 1979, Gavanski et al., 2016) 또한, 강풍의 지속시간이 창호 유리의 설계 풍하중에 미치는 영향을 평가한 사례에 따르면, 창호의 주요 손상은 Design Hurricane 중앙범위의 30~50분 동안에 발생하는 것으로 나타났다. (Gavanski & Kopp, 2011)
ASCE Prestandard에서는 성능기반 내풍설계 시 동일한 강도의 다양한 데이터에 대한 비선형 응답의 변동성을 평가할 수 있도록 풍동실험에서 전체 3시간 이상의 풍동실험 데이터를 수집하도록 제시하고 있다. 또한, 기상 데이터를 풍동 데이터에 적용하여 전체 폭풍이 작용하는 동안의 시계열 풍력 데이터를 생성할 수 있다. 이를 통해 장시간의 강풍 영향과 강풍이 통과하는 동안의 평균 풍속과 풍향변화를 시뮬레이션할 수 있다. 이러한 사항을 고려하여 본 지침에서는 1시간 이상의 시계열 풍력을 3개 이상 작성하고, 이를 적용한 비선형 시간이력응답해석을 통해 잔류변위, 저사이클 피로 등을 평가하도록 제시하였다. 대상지역의 강풍특성, 지속시간, 대상건물의 목표성능에 따라 1시간보다 긴 풍응답 해석이 요구될 수 있으며, 실제 강풍 작용의 시나리오를 고려하여 풍응답 해석을 할 수 있다.

(3) 1시간보다 짧은 비선형 시간이력응답해석의 요구성능 기댓값을 1시간 이상의 시간이력응답해석에 해당하는 요구성능 기댓값으로 환산할 수 있는 경우, 이를 이용한 허용기준 평가가 가능하다. 이 경우 환산된 풍응답으로 신뢰성있는 평가가 가능하다는 근거를 제시하여야 한다.

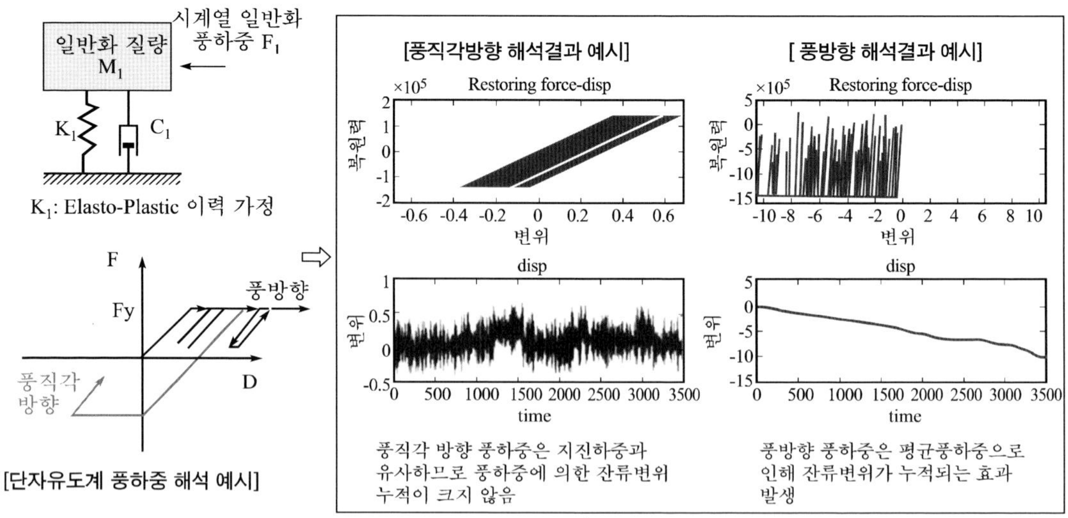

〈해그림 2.4.1〉 풍하중에 의한 비탄성 풍응답 누적 (구조시스템의 2차강성이 없는 경우)

3
등가정적 풍하중 및 시계열 풍력 산정

3 등가정적 풍하중 및 시계열 풍력 산정

3.1 건설지점 풍속산정

3.1.1 일반사항

(1) 성능기반 내풍설계시 목표성능별 설계풍하중 및 풍응답 산정을 위해 재현주기별 풍속을 산정하여야 하며, 「KDS 41 12 00 : 5 (풍하중)」 기준과 풍기상 해석 등을 통해 재현주기별 풍속을 산정할 수 있다.

(2) 필요시 건물 외피, 파사드, 설비 등 구성요소의 목표성능에 부합하는 재현주기별 풍속을 산정한다.

해설 (2) 대상건물의 주골조 시스템에 대한 목표성능 평가와 함께, 건축물을 구성하는 건물외피, 파사드, 엘리베이터 등 주요 구성요소에 대한 성능평가가 필요할 경우 제조사 및 산업규격에서 요구하는 목표성능을 제시하고, 목표성능에 해당하는 풍속을 산정하여 풍하중 및 풍응답을 평가한다.

3.1.2 KDS 기준에 의한 풍속산정

(1) 목표성능별 설계풍하중 및 풍응답 산정을 위해 「KDS 풍하중 기준(KDS 41 12 00 : 5.5.2 (기본풍속)」기준에 따라 해당 목표성능의 재현주기별 기본풍속을 산정할 수 있다.

(2) 「KDS 풍하중 기준(KDS 41 12 00 : 5.5.1 (설계풍속)」기준에 따라 대상건축물의 설계풍속을 산정할 수 있다. 이 때 중요도계수(I_W)는 1.0으로 한다.

(3) 풍기상 해석, 태풍시뮬레이션 등을 이용하여 설계풍속 산정을 위한 풍향계수를 산정할 수 있다. 다만, 풍향계수를 적용할 경우 건설지점과 풍속데이터 측정 지점간의 조도 및 지형변화가 없어야 하며, 기준에서 제시한 최소 풍속 이상이 되도록 풍향계수의 크기를 스케일링하여야 한다.

해설 (1) KDS 풍하중 기준의 그림 5.5-1 (기본풍속)은 재현기간 500년, 조도 C, 높이 10 m에서의 풍속값이며, 이 값에 재현주기 환산계수를 곱하여 재현주기별 기본풍속을 산정한다. KDS 풍하중기준에 따라 재현주기 환산계수로 0.5, 0.8, 1.0, 1.05를 적용하여 재현주기 1년, 50년, 500년 및 900년에 해당하는 기본풍속을 산정할 수 있다.

(2) KDS 풍하중 기준에 의한 방법 이외에 해외기준, ESDU(Engineering Science Data Unit)의 풍속 수직분포모델, 학술적으로 인정되는 기류모델 등을 사용할 수 있으며, 이러한 경우 전문가 검토를 통해 적정성을 평가하여야 한다.

(3) 「KDS 41 12 00 : 5.5.2 (2)」에 따르면, 건설지점 부근의 유효한 풍관측자료가 있는 경우에는 그 값에 따라 기본풍속 V_0를 설정할 수 있다. 풍속자료를 처리할 때에는 검증된 극치통계해석법을 사용하고, 자료의 길이, 측정오차, 평가시간, 풍속계높이, 풍속계 주변의 지표면상태 등을 고려해야하며, 풍속자료는 지표면조도구분 C인 지상 10 m에서 10분간 평균풍속으로 균질화해야 한다. 다만, 「KDS 41 12 00 5.5.3 (풍향계수)」 (1)과 (2)에서 풍향계수의 적용방법을 규정하고 있으나, (3)에 따라 풍향계수 적용의 제한에 따르면 기상관측소의 자료에 근거하여 산정한 풍향계수 K_D는 기상관측소로부터 건설지점 사이에 지형적인 변화가 없고 평탄하여 풍향특성이 달라질 우려가 없는 경우에 적용할 수 있다. 건설지점이 기상관측소로부터 멀고 주변 대규모지형의 영향 등에 의하여 풍향특성이 변화할 가능성이 있는 경우에는 풍향계수를 사용할 수 없다. 이 때에는 $K_D = 1.0$으로 한다.

3.1.3 풍속 계측데이터를 이용한 풍속산정

(1) 건설지점에 인접한 지점의 풍속관측 데이터를 이용하여 풍기상 해석을 수행하고, 목표성능에 해당하는 재현주기별 기본풍속을 산정할 수 있다.
(2) 평가한 풍속은 「KDS 41 12 00 : 5.5.2 (기본풍속)」기준에 따라 조도 C, 높이 10m, 10분 평균의 기본풍속으로 균질화한다.
(3) 측정 데이터의 크기, 품질, 풍기상 해석의 한계에 따른 추정 풍속의 불확실성을 평가하여, 추정풍속의 적정성을 제시하여야 한다.

해설 (2) 대상 재현주기를 결정하는 태풍의 특성은 지리적 위치에 따라 달라진다. 풍 기상이 다양한 경우, 다수의 폭풍유형이 풍속의 극값에 영향을 미칠 수 있다. 폭풍 유형에는 종관규모 바람(Synoptic wind, 고기압 및 저기압 시스템과 관련한 기상현상을 동반하는 바람), 뇌우, 태풍, 토네이도 등을 포함한다. 토네이도에 의한 기류, 풍속 분포 등은 현재 연구가 진행중이며 흔히 발생하지 않는 사항이므로, 현재 시점의 본 지침에서는 풍속산정과 관련하여 토네이도 현상은 포함하지 않는다. 일반적으로 종관규모 바람이 낮은 재현주기의 풍속을 결정하며, 재현주기가 증가할수록 태풍 등에 의한 강풍이 풍속산정에 영향을 미친다. 따라서, 태풍지역의 경우 태풍시뮬레이션을 실시하여, 건설지점 풍속산정을 반영하는 것이 필요하다.

일반적으로 과거 기상자료는 신뢰할 수 없는 정보를 포함하고 있으므로, 다수의 기상자료를 비교하여 신뢰할 수 있는 자료를 선별하여 수집하는 것이 필요하다. 이를 통해 유효한 데이터 수집기간을 늘일 수 있으며, 기상해석의 신뢰성을 높일 수 있다. 측정 풍속의 균일화를 위해 풍하중 기준에 따른 기본풍속으로 환산하는 것이 필요하며, 풍속환산 시 지표면 조도, 지형, 풍속측정 높이 등을 고려하여야 한다.

(3) 지표면의 바람 데이터는 불완전하며, 측정 기간이 제한적이므로 극치해석의 결과는 일정수준의 불확실성을 내포하고 있다. 따라서 이러한 불확실성을 정량화하여 풍속을 제시할 수 있는 통계적 기법을 사용하는 것이 필요하다. 극치 분석은 확률통계 분포모델에 극값을 근사하는 작업을 포함하며, 일반적으로 Method of Independent Storms (Cook 1982, Harris 1999) 기법이 가장 안정적인 결과를 도출하는 것으로 알려져 있다. 태풍 지역에서는 지표면의 태풍 풍속데이터가 충분하지 않으므로, 적합성이 검증된 방법에 따른 태풍 시뮬레이션을 활용할 수 있다.

3.2 풍동실험

3.2.1 풍동실험 요구사항

(1) 풍동실험을 통해 풍응답 및 설계 풍하중을 산정할 수 있으며, 풍동실험 시 국내외 기준 및 가이드에서 제시한 기본적인 요구사항을 만족하여야 한다.
(2) 건축물에 작용하는 풍하중 및 풍하중 영향을 평가하는 풍동시설은 대기경계층을 모사할 수 있어야 한다.
(3) 풍동시설은 주변조건을 충분히 반영할 수 있는 규모를 확보하여, 대상건물에 대한 주변조건의 영향을 평가할 수 있어야 한다.
(4) 풍동시설은 모서리를 가진 실험모형에 대하여 레이놀즈 영향을 무시할 수 있는 수준의 실험풍속을 발생시킬 수 있어야 한다.

해설 (1) KDS 풍하중 기준, '2021 풍동실험 신뢰성 가이드라인(국토교통부)' ASCE 7, ASCE 49-12(ASCE, 2012), AWES Quality Assurance Manual QAM-1-2001(AWES, 2001), 建築物風洞實驗ガイドブック(日本建築センター, 2008) 등에서 제시한 풍동실험

요구사항을 참조할 수 있다.

(2) 경계층 모사를 위한 일반적인 최소 요구사항은 ① 고도별 풍속 분포 재현, ② 고도별 풍속 난류강도 재현, ③ 적정 난류 스케일 재현, ④ 변동풍속의 파워스펙트럼밀도의 재현이다. 대기경계층 모사에 대한 재현수준, 오차 등에 관한 사항은 국내외 지침, 가이드 등을 참조한다.

(3) 도심지역의 경우 인접한 건축물 및 지형 등의 주변조건이 대상 건축물의 풍하중에 영향을 미치므로, 풍동시설은 대상 건축물 높이의 2~3배 이내 범위의 주변조건을 재현하여 그 영향을 반영할 수 있는 규모여야 한다.

(4) 실제건물의 풍력 및 풍압과 모형 레벨의 풍압이 상사조건을 만족하기 위해서는 최소한의 레이놀즈 수 요구사항이 필요하다. 난류 조건에서 모서리가 있는 건물에 대한 레이놀즈 수는 지붕높이의 평균풍속 및 최소 대표폭에 대하여 약 5×10^4 이다. 곡면으로 구성된 건물의 경우 기준을 보다 엄격히 적용할 필요가 있다.

3.2.2 풍동실험 수행 시 최소조건

(1) 성능기반 내풍설계시 요구되는 시간이력응답해석을 위하여 충분한 길이의 풍동실험 측정기록과 최소한의 측정 시간간격을 확보하여야 한다.
(2) 성능기반 내풍설계를 위해 최소한 10°도 간격으로 36개 풍향 이상에 대하여 풍동실험을 수행하여야 한다. 36개 실험풍향으로 최대 풍력 및 풍하중 영향을 적정하게 평가하였는지 검토하고, 그렇지 않은 경우 최대풍력 및 풍하중 영향을 평가할 수 있도록 추가적인 풍향각에 대하여 풍동실험을 수행하여야 한다.
(3) 시계열 풍력 측정을 위한 풍압 동시측정 풍동실험을 수행할 경우 건물모형 전체에 외압을 측정할 수 있는 풍압측정공을 충분히 배치하여야 하며, 개구부 등으로 인해 내압측정이 필요한 위치와 차압 측정이 필요한 위치에 대해서도 풍압측정공을 배치하여야 한다.

해설 (1) 비선형 해석의 변동성과 비탄성 응답의 누적, 피로검토를 위해 충분한 길이의 풍동실험 샘플을 측정하여야 한다. 시간이력응답해석의 수렴성과 정확성을 높이기 위하여 충분히 짧은 시간간격으로 해석하는 것이 필요하다. 따라서 실 스케일로 환산한 데이터 측정간격이 최소 0.25 s 이하 또는 풍응답에 기여하는 고차 진동모드 주기의 1/8이하가 되도록 풍동실험 데이터 측정간격을 확보하는 것이 필요하다.

(2) 대부분의 건축물 풍동실험에서 36개 풍향에 대한 풍동실험을 수행하는 것이 일반적이

다. 드문 경우이지만 강한 풍직각 응답이 발생하는 경우, 측정 풍향각 사이에서 최대값이 발생할 수 있으므로 이 경우에는 풍향각 사이에 대한 풍동실험을 추가로 수행하는 것이 바람직하다. 일반적으로 피크 응답은 2~3개 풍향에서 발생하며, 보다 신뢰성 있는 결과도출을 위해 피크 응답이 발생한 풍향에 인접한 풍향에 대해서도 구조해석을 통해 풍하중 영향을 평가하는 것이 바람직하다.

(3) AWES (2019)는 풍동실험에서 강도설계를 위한 풍압공 1개당 최대 분담면적을 120 m^2으로 제시하고 있다. Kim et al. (2009, 2011)는 태풍 시 41층 규모의 고층건물과 최대스팬 200m의 대공간 지붕구조물에 대한 풍진동 가속도를 계측하고, 풍압실험을 이용한 시간이력풍응답해석을 수행하여 비교하였다. 대상 고층건물의 풍동실험 시 전체 250개의 풍압측정점에서 시계열 풍압을 동시측정하였다. 실측한 풍진동가속도와 해석결과를 비교한 결과, 서로 일치하는 경향을 나타내었으며, 대공간 지붕구조물에서도 유사한 결과가 나타났다.

풍압측정공 배치 밀도에 따른 고층건물의 부재력, 전도모멘트 등 풍응답의 변화를 평가하기 위하여 47층(160m) 건물에 대한 사례연구가 수행되었다. (Park, 2021) 풍력산정을 위한 풍압측정점을 대상건물의 각 면당 100개씩 설치하고, 풍압측정점의 개수 및 배치를 변화시키면서 부재력, 전도모멘트 등을 비교, 평가하였다. 풍압공 배치 밀도가 256 m^2인 경우 풍진동, 풍변위, 밑면전단력 등 전역적 풍응답의 평가 결과에서 기본 배치 대비 3% 수준의 오차가 발생하였으며, 부재력의 경우 128 m^2과 256 m^2 일 때 각각 3%와 8% 수준의 오차가 발생하였다. 따라서, 전역적 풍응답 평가와 비교하여 부재력, 층간변위 등을 평가하기 위해서는 풍압측정공 배치계획을 면밀히 검토할 필요가 있는 것으로 나타났다.

대상건물에 큰 개구부가 있을 경우 강풍 시 개방여부를 고려하여 내부에 풍압 측정공을 배치하고 내압을 측정하는 것이 필요하다. 또한, 파라펫 등 풍상면과 풍하면의 차압이 필요한 경우, 해당 위치의 양면에 풍압공을 배치하여 차압을 측정하여야 한다. 풍압적분을 이용한 시계열 풍력 산정을 위해 풍동실험을 수행하는 경우 풍압측정점의 배치는 다음을 참조하여 계획한다.

① 평균풍하중 산정에 적정한 공간적인 풍압측정 분해능 확보
② 건물 모서리, 와발생 지점 등 풍압구배가 급격히 변화하는 지점 고려
③ 풍진동 평가시 고차진동모드의 기여도를 고려하여, 모달하중에 대한 변동풍압의 기여도를 반영할 수 있는 풍압측정 분해능 확보

이외에도 시계열 풍력측정의 정확성을 향상할 수 있는 추가적인 조건을 고려하여야 한다.

3.3 설계 풍하중 산정

3.3.1 탄성설계용 등가정적 풍하중

(1) 탄성설계 개념에 따라 대상건물을 설계하기 위하여 「KDS 41 12 00 : 5 (풍하중)」 기준에 따라 등가정적 풍하중(W_{eq})을 산정한다.

(2) 대상건물이 「KDS 41 12 00 : 5.1.4 (특별풍하중)」 조건에 해당할 경우 풍동실험을 이용하여 등가정적 풍하중을 산정한다.

(3) 풍동실험의 주골조설계용 풍방향 및 풍직각방향 수평풍하중이 「KDS 41 12 00 : 5.2(주골조설계용 수평풍하중)」의 절차에 따라 산정한 풍하중의 80% 이하가 되지 않도록 한다. 단 추가적인 풍동실험 등을 통해 주변건물의 차폐효과가 아닌 건축구조물 자체의 공기역학적 특성(aerodynamic characteristics)에 의해 풍하중이 저감되는 것을 입증할 수 있을 경우에는 위의 80%의 제한을 50%까지 완화하여 적용할 수 있다.

해설 (1) 「KDS 41 12 00 (건축물설계하중)」에 따라 대상 건축물을 설계하기 위하여, 「KDS 41 12 00 : 5 (풍하중)」에 따라 등가정적 풍하중을 산정하고, 그 외 설계하중과 하중조합계수를 적용하여 선형 정적구조해석 및 부재설계를 수행한다.

(2) 「KDS 41 12 00 : 5.1.4 (특별풍하중)」에서 풍동실험을 통해 풍응답 및 풍하중을 산정하여야 하는 조건을 제시하고 있으며, 이 경우에는 바람으로 인하여 건축구조물에 발생하는 특수한 영향들을 고려하기 위해 5.17(풍동실험)에 따라 주골조설계용 풍하중과 외장재설계용 풍하중을 산정하여야 한다. 풍동실험을 수행해야하는 조건으로는 ① 풍진동의 영향을 고려해야 할 건축구조물, ② 특수한 지붕골조, ③ 골바람효과가 발생하는 건설지점, ④ 인접효과가 우려되는 신축건축구조물, ⑤ 외장재의 파손에 주의해야할 건축구조물, ⑥ 특수한 형상의 건축구조물이 있으며, 해당 조건에 대한 상세 검토 방법과 함께 기준에서 제시하고 있다.

(3) 풍동실험에서 인접 건축물, 구조물 등이 대상건축물에 작용하는 기류를 차폐하여 풍하중이 낮게 산정될 수 있다. 이 경우 주변의 장애물이 사라지게 되면, 대상건축물 설계시 적용한 풍동실험 풍하중보다 높은 풍하중이 작용할 수 있다. 따라서, KDS 기준에서는 풍하중에 대한 대상건축물의 최소한의 안전성을 확보하기 위하여 기준 풍하중의 80%를 풍동실험 풍하중의 최소값으로 규정하고 있다. ASCE 7-22(2023)의 31. Wind tunnel Procedure에서도 풍동실험 수행시 최소 풍하중을 기준대비 80%로 제시하고 있다. 그러나, 다음의 경우에 대해서는 풍동실험으로 평가한 주구조골조 설계용 풍하중과 외장

재 설계용 풍하중의 최소기준을 각각 50% 및 65%로 완화하여 적용할 수 있다.

① 풍동실험의 상세 주변모델 내에 대상건물에 특정한 영향을 미치는 구조물이 없는 경우

② 풍동실험의 상세 주변모델 내에 대상건물에 특정한 영향을 미치는 구조물을 대표 조도로 대체하고, 영향을 미치는 주요한 풍향에 대하여 추가적인 풍동실험을 실시하고 풍하중을 평가한 경우, 이 때 대표 조도는 조도 B 이상의 조건을 적용하지 않음

본 지침에서는 이러한 사항을 참조하여 풍동실험을 통한 풍하중의 최소기준을 50%로 제시하였다.

3.3.2 제한적 비탄성 설계용 등가정적 풍하중

(1) 성능기반 내풍설계 시 제한적 비탄성 거동을 고려한 대상 건축물의 구조설계를 위해 탄성설계용 등가정적풍하중(W_{eq})와 반응수정계수(R_w)를 이용하여 다음과 같이 비탄성 설계용 등가정적 풍하중(W_{ieq})을 산정한다.

$$W_{ieq} = W_m + W_{bk} + \frac{W_r}{R_w} \qquad \text{식 (4.3.2)}$$

여기서, $W_m = W_{eq}$의 평균풍하중 성분

$W_{bk} = W_{eq}$의 비공진 변동 풍하중 성분

$W_r = W_{eq}$의 공진 풍하중 성분

(2) 제한적 비탄성 설계를 위한 반응수정계수(R_w)는 2.0 이하로 한다.

해설 (1) 성능기반 내풍설계에서는 구조안전성(지속거주) 목표성능 수준의 풍하중에 대하여 대상건물의 제한적 비탄성 거동을 허용하고, 시계열 풍력을 이용한 시간이력응답해석으로 목표성능 만족여부를 평가하도록 제시하고 있다. 그러나, 허용기준을 만족하는 비탄성 구조설계를 위해 반복적인 시간이력응답해석을 수행하는 것은 실무적으로 쉽지 않다. 내진설계 시 지진하중 저감계수(반응수정계수) R을 이용하여 등가정적 지진하중을 산정하고, 선형 정적해석을 통해 비탄성 설계를 수행한다. Bezabeh et al. (2021a, 2021b)은 이러한 내진설계 개념을 바탕으로 단자유도계 해석을 통해 구조시스템의 비탄성 거동에 따른 내풍설계의 효과를 분석하였다. 해석결과에서 풍방향 풍하중 작용 시 Self-centering(SC) 구조가 효과적으로 손상누적을 제어할 수 있음을 제시하고, 풍하중 저감계수를 통한 연성기반 내풍설계가 구조적인 신뢰성에 미치는 영향을 평가하였다. 또한, 풍하중 저감계수로 탄성설계 풍하중을 저감하는 경우 상당한 잔류변형이 발생할 수 있으므로 풍하중 저감계수를 공진성분 풍하중에만 적용하도록 제시하였다. Damatty & Elezaby (2018)도 풍하중에 의한 비탄성 거동을 유도하기 위하여 풍하중 저감계수를 이용하여 공진성분 풍하중을 저감하였다.

「KDS 41 12 00 : 5.19 (4) (비탄성 거동을 고려한 풍하중)」에서는 비탄성 내풍설계용 등가정적 풍하중 산정을 위한 반응수정계수(R_w)를 제시하였다. KDS 풍하중 기준 또는 풍동실험으로 산정한 등가정적 풍하중(W_{eq})의 공진성분(W_r)을 반응수정계수(R_w)로 나누어 비탄성 설계를 위한 풍하중(W_{ieq})을 산정하고, 그 외 설계기준에서 제시한 설계 하중과 조합하여 정적 구조해석 및 설계를 수행한다. 제한적 비탄성 설계를 적용한 건축구조물에 대하여 목표성능 수준별 선형 및 비선형 시간이력응답해석을 실시하고, 목표성능별 허용기준 만족여부를 평가하여 설계를 완료하게 된다.

(2) Bezabeh et al. (2021)은 Self-centering(SC) 구조에 대하여 풍하중 저감계수에 따른 Safety index를 분석하였다. 분석 결과에서 요구연성도를 만족하는 수준에서 변동풍하중을 50%까지 저감할 수 있는 것으로 나타났다. 다만, 요구연성도가 낮아지고 변동성이 높아지는 경우 Safety index를 만족하는 범위가 상당히 낮아지는 현상도 함께 나타났다. 풍하중 저감계수(R_w)를 적용한 고층건물의 Pushover 해석 사례연구에서 $R_w=$ 1, 2 및 3을 적용한 결과에 따르면 연결보에 과도하게 집중되는 부재력을 저감할 수 있으며, 최대 지진에 대한 구조적 거동도 향상되는 것으로 나타났다. (S, Y. Jeong, 2021)

「KDS 41 12 00 : 5.19 (4) (비탄성 거동을 고려한 풍하중)」에서는 풍하중의 긴 작용시간과 저사이클 피로파괴 등을 고려하여 반응수정계수를 2.0 이하의 값으로 적용하도록 규정하였다. 반응수정계수의 값은 구조안전성 성능수준의 풍하중 작용시 비탄성 거동에 의한 연성거동, 손상누적, 피로거동 등을 고려하여 결정할 수 있다. 반응수정계수에 따라 비선형 시간이력 풍응답해석의 결과와 허용기준 평가결과가 달라지므로 적정한 값을 사용하는 것이 실무적으로 바람직하다.

3.4 시간이력응답해석용 시계열 풍력 산정

3.4.1 일반사항

(1) 풍동실험 측정데이터를 이용하여, 시간이력응답해석을 위한 시계열 풍력데이터를 산정한다. 수평방향 구조축(X축 및 Y축) 방향별로 (+) 및 (−) 최대 하중영향이 발생하는 풍향과 풍향에 대한 직교좌표계의 1, 2, 3 및 4분면별로 각각 축방향별 하중영향의 합성 하중영향이 최대가 되는 풍향을 선정하여 시간이력응답해석을 위한 시계열 풍력데이터를 산정한다. 비틀림 거동의 영향이 클 경우 비틀림 구조축

(Z 회전)에 대한 최대하중영향이 발생하는 풍향을 선정하고 시계열 풍력데이터를 산정한다. 특정풍향의 하중영향이 다른 풍향의 풍하중 영향을 포함할 수 있는 경우 해석에 필요한 풍향의 수를 줄일 수 있다. 다만, 최소 2개 풍향 이상에 대한 시계열 풍력데이터를 산정하여야 한다.

(2) 시계열 풍력 데이터는 목표성능에 해당하는 재현주기별 풍속, 축소상사비에 따라 풍력의 크기와 데이터 시간간격을 스케일링한다.

해설 (1) 3차원 구조해석 모델을 이용한 시간이력응답해석을 위해서는 대상 건물의 위치별로 적용할 수 있는 시계열 풍력산정이 필요하다. 풍력실험의 경우 모형 하부에 설치된 하중센서로 밑면전도모멘트 및 밑면전단력만 측정가능하므로, 풍압동시측정 실험을 통해 시계열 국부풍압을 측정하고 이를 면적적분하여 위치별 시계열 풍력데이터를 산정하는 것이 일반적인 방법이다. ([해그림 3.2.2] 참조)

「KDS 41 12 00 : 5.19 (5) (시간이력풍하중 데이터산정)」에서는 최대하중영향을 고려하여 각 하중영향별로 최소 2개 풍향 이상에 대하여 시계열 풍력데이터를 산정하도록 규정하고 있다. 여기서 하중영향이란 진동가속도, 최상층 변위, 유연건축물의 경우에는 밑면전도모멘트, 강체 건축물의 경우에는 밑면 전단력이다. 대상건물의 구조적 특성, 목표성능 등에 따라 성능기반 내풍설계를 위한 하중영향을 선정하여야 한다.

ASCE Prestandard에 따르면 구조물의 피크 응답은 주로 2~3개의 주풍향에서 나타나므로, 이에 해당하는 주풍향의 시계열 풍력을 사용하여 시간이력해석을 수행하도록 제시하고 있다. 비선형 시간 이력 응답해석을 통한 목표성능의 검증 시에는 수평방향 구조축(X축 및 Y축)에 대하여 최대 전도모멘트가 발생하는 풍향을 선정하고, 이와 함께 전체 풍향의 각 4분면별로 전도모멘트의 합력(SRSS)이 최대가 되는 풍향을 고려하여 풍향을 선정하도록 제시하고 있다. 또한, 비틀림에 대한 하중영향도 적정하게 포함하여야 한다. 선정한 주요 풍향이 동일하거나, 특정 풍향이 다른 풍향의 하중영향을 포함하는 경우 전체 시계열 풍력의 갯수를 줄일 수 있다.

〈해그림 3.3.1〉는 시계열 풍력 산정을 위한 주풍향을 선정하는 과정에 대하여 설명한 예시이다. 전 풍향에 대하여 X축 및 Y축의 시계열 전도모멘트를 산정하고 X-Y 그래프에 플로팅하여 전도모멘트의 궤적(Trajecoty) 그래프를 그릴 수 있다. 이 그래프에서 각 축방향별로 (+)와 (-) 최대(피크) 전도모멘트가 발생하는 풍향을 선정하면, 풍향 70˚, 90˚, 150˚ 및 210˚이다. 선정한 4개의 풍향에 대하여 전도모멘트 궤적을 그래프로 나타내면 〈해그림 3.3.1 (a)〉과 같으며, 이 중에서 풍향 150˚의 최대 전도모멘트는 다른 3개 풍향의 전도모멘트 궤적 내에 포함된다. 따라서, 다른 풍향의 전도모멘트 궤적에 포함되는 풍향 150˚를 제외하고, 축방향별 최대 전도모멘트를 발생시키는 풍향을 70˚, 90˚, 210˚로 선정할 수 있다.

전체 풍향각의 각 사분면별로 전도모멘트 합력(SRSS)의 최댓값이 발생하는 풍향을 선정하고, 선정한 풍향에 대한 전도모멘트 궤적을 그래프로 나타내면 〈해그림 3.3.1 (b)〉와 같다. 전도모멘트 합력의 최대값이 발생하는 풍향은 70˚, 90˚, 210˚ 및 330˚이며, 이 중에서 330˚의 최대 전도모멘트는 다른 풍향의 최대 전도모멘트 이내에 포함된다. 따라서, SRSS 전도모멘트가 최대가 되는 풍향은 70˚, 90˚, 210˚로 선정할 수 있다.

X 축 및 Y 축 최대 전도모멘트 발생 풍향과 SRSS 최대 전도모멘트 발생 풍향을 조합하여 시간이력해석용 풍력 산정을 위한 풍향을 선정하면, 70˚, 90˚, 210˚와 같다. 여기에 필요시 비틀림 하중영향이 최대가 되는 풍향을 추가로 검토하여 최종 풍향을 선정한다. 이와 같이 특정풍향에 대한 하중영향이 다른 풍향에 대한 하중영향을 포함하는 경우 시간이력해석에 필요한 풍향의 수를 줄일 수 있으나, 「KDS 41 12 00 : 5.19 (5)」에 따라 최소 2개 풍향 이상에 대하여 시계열 풍력데이터를 산정하여야 한다.

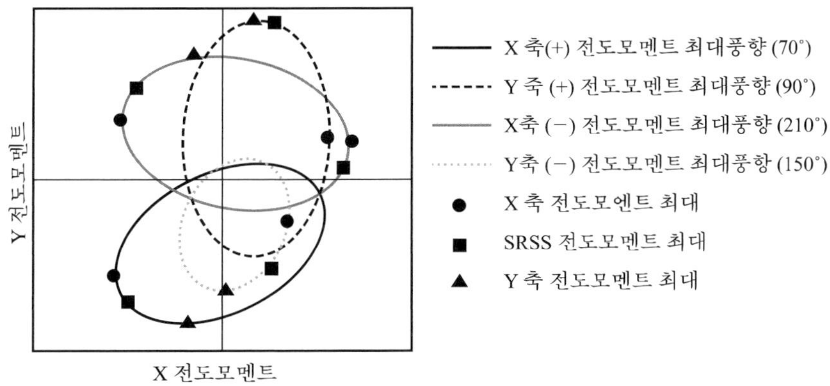

(a) X 축 최대 전도모멘트 및 Y 축 최대 전도모멘트 풍향 선정

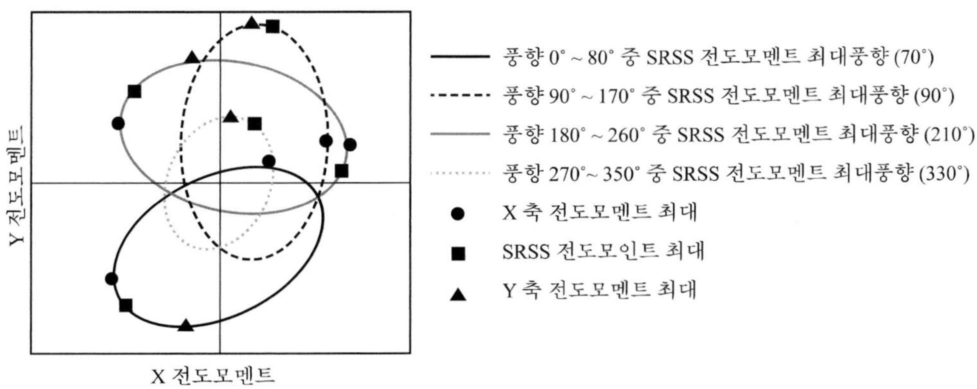

(b) SRSS 최대 전도모멘트 풍향 선정

〈해그림 3.2.1〉 시간이력해석을 위한 대상 풍향선정 예시

(2) KDS 풍하중 기준에서 제시한 최소 목표성능의 경우 수평진동사용성 평가 시 1년 재현주기 시계열 풍력 산정이 필요하며, 수평변위사용성과 구조안전성 목표성능 평가를 위해 각각 50년 및 500년(초고층 건물의 경우 900년) 재현주기 시계열 풍력을 산정해야 한다. 이외 성능목표를 설정할 경우 해당 성능목표에 부합하는 재현주기의 시계열 풍력을 산정한다.

풍동실험은 실제 건물과 기류를 축소한 실험모형과 실험기류를 이용하여 수행하므로, 시간이력응답해석을 위해 풍동실험으로 산정한 모형수준의 풍력데이터를 실제 건물에 작용하는 풍력으로 환산하여야 한다. 실 스케일 풍력의 환산을 위해 풍력의 크기와 함께 데이터의 시간간격도 환산해야 한다. 축소상사비를 이용한 일반적인 환산과정은 다음의 해식 (3.4.1)~해식 (3.4.3)에 따른다. 풍동실험의 시계열 풍력의 i번째 풍력계수, $C_F(i)$는 다음과 같이 산정한다.

$$C_F(i) = \frac{F_{wT}(i)}{q_{HT} B_T H_T} \qquad \text{해식 (3.4.1)}$$

여기서, $F_{wT}(i) =$ i 번째 풍동실험 측정풍력

$q_{HT} =$ 풍동실험 기준높이 H에서의 설계속도압

$B_T, H_T =$ 실험모형의 대표폭 및 대표높이

풍력계수, $C_F(i)$를 이용하여 실스케일로 환산한 i번째 풍력, $F_{wT}(i)$을 다음과 같이 산정할 수 있다.

$$F_{wF}(i) = q_H B_F H_F C_F(i) \qquad \text{해식 (3.4.2)}$$

여기서, $F_{wF}(t) =$ i번째 실스케일 풍력

$q_H =$ 실스케일 기준높이에서의 설계속도압

$B_F, H_F =$ 실스케일 건물의 대표폭 및 대표높이

모형수준의 풍력데이터 측정간격(Δt_T)는 풍속비(V_r)와 길이비(L_r)을 이용하여 다음과 같이 실스케일 데이터 측정간격(Δt_F)로 환산한다.

$$\Delta t_F = \frac{L_r}{V_r} \Delta t_T \qquad \text{해식 (3.4.3)}$$

여기서, $L_r = B_F / B_T$

$V_r = V_F / V_T$ ($V_F, V_T =$ 각각 실스케일 및 실험스케일 풍속)

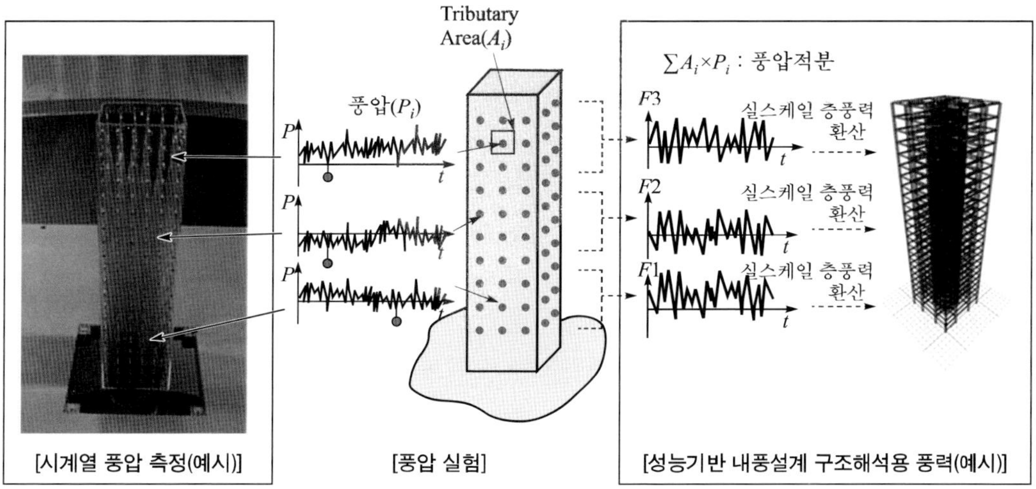

〈해그림 3.2.2〉 다점 동시측정 풍압데이터를 이용한 시간이력응답해석용 풍력산정

3.4.2 시계열 풍력산정 시 고려사항

(1) 대상 건물의 해석모델에 적용하는 시계열 풍력은 다음의 사항을 고려하여 산정한다.

① 대상건물에 분포된 시계열 풍력이 시간 및 공간상의 상관성을 확보할 수 있도록 모든 풍압측정공에서 동시측정한 풍압 데이터를 사용하여 시계열 풍력을 산정한다.

② 비탄성 변형누적과 저사이클 피로의 평가를 위해 최소 1시간 이상의 풍력데이터를 산정한다.

③ 시계열 풍력 데이터는 대상 건축물의 동적응답을 적정하게 해석할 수 있도록 데이터의 최소 시간간격을 확보해야 한다.

④ 대상 건축물의 모드별 동적거동을 유효하게 해석할 수 있는 위치에 시계열 풍력을 분포하여 적용하여야 한다.

(2) 시간이력응답해석에 사용하는 시계열 풍력 데이터의 경우, 시계열 풍력 데이터를 사용하여 산정한 구조물의 탄성 풍하중 영향이 5.2(주골조설계용 수평풍하중), 5.9(주골조설계용 풍직각방향풍하중)의 절차에 따라 산정한 풍하중의 하중영향의 80% 미만인 경우에 80% 이상이 되도록 시계열 풍력 데이터의 하중 크기를 조정하여야 한다. 단 추가적인 풍동실험 등을 통해 주변건물의 차폐효과가 아닌 건축구조물 자체의 공기역학적 특성(Aerodynamic Characteristics)에 의해 풍하중 영향이 저감되는 것을 입증할 수 있을 경우에는 위의 80%의 제한을 50%까지 완화하여 적용하여야 한다. 단, 인접건물의 차폐유무에 따른 풍동실험을 각각 수

행하여 차폐효과에 의한 풍하중의 증감을 별도로 평가할 경우에는 구조축 방향별 수평하중 성분과 비틀림 하중 성분에 대하여 각각에 해당하는 배율을 적용할 수 있다.

(3) 풍압데이터를 이용한 시계열 풍력데이터의 풍력계수, 풍력스펙트럼 등 풍력특성과 변위, 가속도, 밑면전도모멘트, 밑면전단력 등 탄성 풍하중 영향 등을 풍력실험의 결과와 비교하여 풍압데이터를 이용한 시계열 풍력데이터의 적정성을 검토하여야 한다.

해설 (1) 시계열 풍력데이터의 시간간격을 0.25 s 또는 풍진동에 영향을 미치는 고차 진동모드 고유주기의 1/8 이하로 확보하여, 적정한 시간이력응답해석이 이루어지도록 해야 한다.

(3) 풍압적분 시계열 풍력은 실험모형의 국부적인 지점에서 측정한 시계열 풍압데이터로 작성되므로, 풍력실험을 통해 기계적으로 적분한 풍력데이터의 특성과 직접 비교하여 이의 적정성을 검토하는 것이 필요하다. 이와 함께, 풍압적분 시계열 풍력으로 산정한 풍응답과 풍력실험으로 산정한 풍응답을 비교하여 풍압적분 시계열 풍력데이터의 적정성을 평가할 수 있다. (〈그림 7.5.1〉 참조)

4

제한적 비탄성 내풍구조설계

4 제한적 비탄성 내풍구조설계

4.1 예비설계

4.1.1 일반사항

(1) 대상건물에 대한 제한적 비탄성 설계를 수행하기 전 예비설계를 수행한다. 예비설계를 통해 구조시스템을 설계하고, 풍동실험을 위한 구조동특성자료 등 구조정보를 제공한다.
(2) 설계용 풍하중을 기반으로 선형정적 해석을 통해 KDS 기준에서 제시한 구조성능을 만족하도록 구조시스템을 설계한다. 건물의 구조강성을 합리적으로 가정하고, 기능유지 수준의 풍하중에 대하여 변위성능을 만족하도록 한다.
(3) 대상 건축물의 풍진동 가속도를 평가하여, 거주 사용성을 만족하도록 구조시스템을 설계한다.

해설 (1) 성능기반 내풍설계를 위해 KDS 기준에서 제시한 구조성능을 만족하는 구조설계안이 필요하다. 풍하중 이외 설계용 하중에 대하여 대상건물의 성능이 확보되어야 하며, 「KDS 41 12 00 : 5.1.4 (특별풍하중)」 조건에 해당할 경우 예비설계를 통해 풍동실험 수행을 위한 구조데이터를 제공하여야 한다. 또한, 풍동실험에 의한 설계용 풍하중과 그 외 설계하중의 조합에 대하여 대상건물이 구조성능을 만족하는지 검토하는 것이 필요하다.

(2) 질량과 강성이 건물의 진동주기 및 모드 형상에 영향을 미치는 기본 속성이므로 설계용 풍하중 산정을 위해 건물의 질량을 실제와 가깝게 추정하는 것도 중요하다. 고유주기, 모드형상 및 가정된 감쇠비에 따라 설계용 풍하중 및 풍응답이 달라지므로, 반복적인 작업을 통해 적정한 기본설계 결과를 도출하는 것이 필요하다.

4.1.2 구조해석

(1) 구조해석 모델은 기본 횡력저항시스템 및 중력하중 전달요소를 포함하여야 하며, 다음을 위해 구조 요소의 자중을 포함한 중력 하중이 구조해석모델에 포함되어야

한다.

① 주기 및 모드 형상 산정을 위한 건물 질량 추정

② P-Delta 효과의 고려

(2) 콘크리트 구조의 경우 부재의 균열강성을 반영하기 위해 구조해석 시 적절한 강성 저감을 적용하여야 한다.

해설 (1) P-Delta 효과로 인해 전체 구조물의 안정성과 압축부재의 좌굴 등이 발생할 수 있다. 따라서 전도에 대한 저항능력 평가와 좌굴을 고려한 부재설계를 위해 P-Delta 효과는 항상 고려되어야 한다. 전체 안정성 성능 목표를 평가하기 위해 P-Delta 효과를 포함한 변위 Δ를 1차 변위 Δ1과 비교·검토하는 것이 필요하다.

(2) 「KDS 41 20 00 (건축물 콘크리트구조 설계기준), ATC Design Guide 3, ACI 318 등 기준과 선행연구를 참조하여 대상건물의 해석에 적합한 유효강성을 적용한다. 특히, 사용성 수준에서 광범위한 벽 인장 균열로 인해 건물 변위가 크게 증가할 수 있으며, 변위 성능 목표를 충족하기 위해 구조 시스템을 수정해야 할 수도 있다. 따라서, 벽체의 유효강성에 대하여 적절한 검토가 필요하며, 대부분의 고층 콘크리트 전단벽 건물의 경우, 사용 하중 하에서 벽 인장 균열은 국부적 영역으로 제한 또는 방지할 필요가 있다.

4.1.3 설계기준 검토

(1) 연결보, 아웃리거, 전단벽 등과 같은 횡력저항시스템과 중력하중을 저항하는 핵심 구조요소에 대하여 설계기준에서 제시한 설계 한계를 만족하는지 확인한다. 만족하지 않는 경우 구조부재를 재설계하거나 구조시스템을 수정하여 설계 기준을 만족하도록 재설계를 수행한다.

(2) 기초 시스템의 적정성도 평가하여야 하며, 인발이 발생하는 경우에는 인발에 저항하는 기초 시스템의 내력을 확인해야 한다.

해설 (1) 성능기반 내풍설계 시 횡력저항 시스템과 중력하중 저항시스템 등 모든 구조요소를 반영한 구조해석과 부재별 허용기준 평가를 수행한다. 이를 통해 성능기반 내풍설계 시 허용기준 만족을 위해 발생할 수 있는 반복적인 구조해석 및 검토 작업을 최소화하는 것이 필요하다.

4.1.4 풍동실험을 위한 구조데이터 작성

(1) 예비설계 단계에서 풍동실험을 위한 구조 데이터 제공이 필요하며, 이를 위한 구조동특성 해석 시 다음의 사항을 검토하여야 한다.
① 적정 구조 질량의 산정
② 횡력저항시스템 및 구성 요소 설계
③ 철근 콘크리트 부재의 적정 강성저감 반영
④ P-Delta 효과의 고려
⑤ 기준 풍하중에 대한 진동 사용성 및 변위 사용성 성능목표 만족
⑥ 기초 요소 설계

(2) (1)의 조건을 반영한 구조해석 모델을 이용하여 풍동실험을 위한 고유주기 및 모드 형상을 평가한다. 최종적인 예비설계안을 작성하기 위해 풍동실험 결과를 반영하여 구조설계를 재검토한다.

해설 (1) 구조동특성의 변경에 따른 풍동실험 결과의 재해석 여부는 풍동실험 전문가와 상의하여 결정하는 것이 필요하다. 그러나 예비설계 단계에서는 대부분 제한적인 정보만으로 구조해석을 수행하게 되지만, 풍동실험을 위해 적정수준의 구조 동특성을 추정하는 것이 필요하다.

(2) 풍동실험 결과를 반영하여 재설계를 수행하면, 구조적 특성이 변경되므로 변경된 구조적 특성을 반영하여 풍동실험의 결과를 재해석하는 것이 필요하다. 따라서 적정 예비설계안을 도출하기까지 구조해석과 풍동실험 결과 해석 과정이 반복될 수 있다. 따라서, 합리적인 구조 동특성 검토결과를 바탕으로 재설계의 반복 횟수를 최소화하는 방안을 마련하여야 한다.

4.2 제한적 비탄성 설계

(1) 예비설계안을 이용하여 「KDS 41 12 00 : 5.19 (성능기반 내풍설계)」에서 허용하고 있는 제한적 비탄성 거동을 고려하여 대상건물에 대한 구조설계를 수행한다.

(2) 제한적 비탄성 내풍설계를 위해 본 지침 3.3.2에 따라 산정한 등가정적 풍하중과 그 외 「KDS 41 12 00 (건축물설계하중)」에서 제시하고 있는 설계용 하중을 조합하여 구조해석 및 설계를 수행한다.

(3) 제한적 비탄성 설계안에 대하여 본 지침 5장에 따라 시간이력응답해석을 수행하고, 2장에서 제시한 목표성능 및 허용기준에 따라 성능만족여부를 확인하여야 한다.

해설 (1) 「KDS 41 12 00 : 5.19 (3) ⑤」에 구조안전성 목표성능 수준에서 풍하중에 대한 건축물의 제한적 비탄성 거동을 허용하고 있다. 「KDS 41 12 00 : 5.19 (3) ④」에서 선형 및 비선형 시간이력응답해석을 통한 목표성능 만족여부를 확인하는 검증과정을 통해 대상건물을 설계하도록 제시하고 있다.

(2) 건축물에 대한 제한적 비탄성 설계를 시간이력응답해석으로 직접 수행하기에는 실무적으로 한계가 있다. 따라서, 「KDS 41 12 00 : 5.19 (4) (비탄성 거동을 고려한 풍하중)」의 설계풍하중을 이용하여 정적해석과 설계를 수행하고, 시간이력응답해석으로 목표성능의 만족여부를 확인하는 절차를 제시하였다. 이에 따라 본 지침의 3.3.2에서 제한적 비탄성 설계용 등가정적 풍하중의 산정방법을 제시하였다.

본 지침 3.3.2에 따라 산정한 제한적 비탄성 설계용 풍하중을「KDS 41 12 00 : 1.7.1 (강도설계법 또는 한계상태설계법)」등 기준에 따른 하중조합에 적용하여 대상건물의 소요강도를 산정하고 구조설계를 실시한다. 제한적 비탄성 설계가 이루어진 대상건물에 500년 또는 900년 재현주기의 시계열 풍력을 적용함으로써 해석시 비탄성 거동을 유도할 수 있다.

5

모델링 및 해석

5 모델링 및 해석

5.1 기본사항

(1) 성능기반 내풍설계 수행시 목표성능 만족여부를 평가하기 위해 기본적으로 시간이력응답해석을 수행하여야 하며, 그 외 해석방법을 적용할 경우 해석방법의 적합성을 제시하고, 제3자 검토를 통하여 이를 검증하여야 한다.

(2) 수평진동가속도(거주사용성) 및 수평변위 사용성(기능유지)에 대한 목표성능 평가시 선형 시간이력응답해석을 적용하고, 구조안전성(지속거주) 목표성능 평가시 비선형 시간이력응답해석을 적용한다.

해설 (1) 기존 일반적인 시간이력응답해석 방법을 사용하지 않고, 최신 동적 해석기법과 정적해석 기법을 적용할 경우 제3자 검토를 통해 구조해석 및 평가결과의 적합성을 제시하여야 한다.

5.2 해석시 요구사항

(1) 대상 건축물의 해석모델은 목표성능평가를 위한 모든 요소를 포함하여 3차원으로 작성되어야 하며, 다음의 사항을 고려하여야 한다.

① 구조 시스템

축방향, 휨, 전단 및 비틀림 거동과 P-Delta 효과를 고려하기에 충분한 주요 횡력저항시스템 및 중력저항시스템의 모든 부재를 모델링하여야 한다. 모델링은 개별 구조부재의 강성, 강도, 변형능력을 반영하고, 목표성능별 예상 응답수준에 따라 철근콘크리트 부재의 균열 및 강성저하를 모델링에 포함한다.

② 하중 저항 비구조 요소

외장재, 2차 부재 등 비구조요소의 강성은 해석모델에 포함하지 않는다. 다만, 진동 사용성 평가 등 낮은 풍하중 수준에서 비구조 요소의 강성 기여효과가 예상될 경우 해석모델에 이를 반영할 수 있다.

③ 격막(다이어프램)

격막은 횡력저항시스템의 분리된 구조요소 사이에서 수평방향의 힘 전달 영향을 고려할 수 있도록 면내 강체거동으로 모델링할 수 있다. 다만, 주요 횡력저항시스템에서 지하외벽으로의 백스테이 효과를 고려하는 경우 해당 층의 슬래브는 면내변형이 발생하도록 모델링 한다.

④ 질량

질량은 건축구조물 질량의 수직적 및 수평적 분포를 정확하게 나타낼 수 있도록 모델링하여야 한다. 100%의 고정하중, 사용중 고정하중 및 이와 동일한 가속도 응답을 보일 것으로 예상되는 수준의 활하중을 구조질량에 반영한다. 격막이 강체로 모델링된 경우 바닥판의 질량분포를 고려하여 비틀림 응답에 대한 관성 질량 모멘트를 모델링 한다.

⑤ 기초-구조물 상호작용

기초의 강성이 건물의 응답에 영향을 미치는 경우 기초-구조물의 상호작용 효과를 해석모델에 고려한다.

⑥ 2차 효과 (P-Delta 효과)

국부적인 2차 효과가 축력 저항 요소의 휨 강성을 감소시킬 수 있으므로, P-Delta 효과를 고려한 해석을 수행하여야 하며, 이를 위한 중력 하중으로 하중조합에 따른 고정하중과 활하중을 포함한다.

⑦ 고유 에너지 소산

시간이력응답해석 시 구조시스템에서 발생하는 에너지 소산은 선형 점성 감쇠로 모델링한다. 이와 함께 감쇠를 발생시키는 구조요소가 있을 경우 점성 감쇠, 이력 감쇠 또는 마찰 감쇠 등을 이용하여 에너지 소산을 모델링한다.

⑧ 에너지 감쇠장치

구조물에 부가적으로 에너지 감쇠장치가 설치되는 경우 해석 모델에 반영하고, 부가된 에너지 감쇠장치의 응답특성 및 모델링 절차를 성능기반 내풍설계 보고서에 명시하여야 한다.

해설 (1) ① 철근콘크리트 부재의 균열을 고려할 때 균열로 인한 강성 저감을 고려해야 한다. 사용성 및 구조안전성 수준에 대한 철근콘크리트 부재에 대하여 KDS 기준, ATC Design Guide 3, ASCE MANUALS AND REPORTS ON ENGINEERING PRACTICE NO. 143(DESIGN AND PERFORMANCE OF TALL BUILDINGS FOR WIND), ACI 318, ASCE 41-23 등 기준, 지침 등을 참조해 유효강성을 반영할 수 있다. 여기서 ATC

Design Guide 3과 ASCE Manual No. 143에서는 바람의 사용성 수준과 안전성 수준의 유효강성을 제시하고 있다. 이와 함께 해석적 방법에 의해 변위, 균열 등을 검토하여 적정한 유효강성을 제시하고 이를 반영할 수 있다.

(선형 해석) 수평진동가속도(거주사용성) 및 수평변위 사용성(기능유지) 평가를 위한 선형 시간이력응답해석에서 유효강성은 ACI 318 또는 ASCE 41-23에서 제시하는 선형 해석을 위한 유효 강성을 적용할 수 있다. 두 기준에서는 모두 축강성에서 전 단면(1.0Ag)을 고려하고, 전단강성에서는 콘크리트의 탄성계수(Ec)의 0.4배를 고려한다. ACI 318은 휨강성에서 〈해표 5.1.1〉과 같이 정하고, 해석의 간소화를 위해 횡력에 대하여 모든 부재의 유효휨강성을 $0.5I_g$로 고려할 수 있다. 또한, ACI 318-19는 사용성 검토에서 철근콘크리트 부재의 (균열을 고려하여) 저감된 유효강성을 1.4배(≈1.0/0.7)하여 즉각적인 횡변형을 평가하도록 정하고 있다. 이때 유효휨강성은 $1.0I_g$를 초과할 수 없다. 반면에 ASCE 41-23은 부재 조건[(Non- 또는)Prestressed 또는 축력비]에 따라 상세히 구분하여 제시하고 있다.

〈해표 5.1.1〉 선형 해석을 위한 관성 모멘트와 단면적 [ACI 318-19, Table 6.6.3.1.1(a)]

부재 조건		관성 모멘트	축변형을 위한 단면적	전단 변형을 위한 단면적
기둥		$0.70I_g$	$1.0A_g$	b_wh
벽체	비균열	$0.70I_g$		
	균열 예상	$0.35I_g$		
보		$0.35I_g$		
평면 플레이트 요소와 슬래브 요소		$0.25I_g$		

(비선형 해석) 구조안전성(지속거주) 평가를 위한 비선형 시간이력응답해석에서 유효강성이 적절히 고려되어야 한다. 특히, 철근비와 축력에 따른 철근콘크리트 벽체의 유효휨강성은 구조물 전체의 비선형 거동을 결정하는 중요한 모델링 요소이다. 철근콘크리트 벽체의 유효휨강성은, ASCE 41-23에서 제안하는 축력비가 0일 때 최소 유효휨강성 $0.2E_cI_g$와 전 단면 압축으로 균열이 발생하지 않을 때의 최대 유효휨강성 $1.0E_cI_g$로부터, 전체철근비(ρ_l)의 50%의 인장철근비와 축력비에 따른 유효휨강성을 선형으로 가정함으로써, 해식 (5.1.1)과 같이 구할 수 있다.

$$E_cI_e = 0.2E_cI_g + \frac{N_{UG}}{A_gf_{ck}} \frac{0.8E_cI_g}{0.85\beta_1 - 0.5\rho_l \frac{f_y}{f_{ck}}} \leq 1.0E_cI_g \qquad \text{(해식 5.1.1)}$$

여기서, E_c : 콘크리트 탄성계수, MPa

I_g : 단면2차 모멘트, mm^4

N_{UG} : 하중조합에 의한 축량, N

A_g : 부재의 단면적

f_{ck} : 콘크리트 압축파괴강도, MPa

f_y :철근항복강도, MPa

β_1 : 압축대 콘크리트의 등가응력블록깊이

ρ_l : 전체 철근비

⑥ 구조해석시 하중조합에 따른 고정하중과 활하중에 의한 P-Delta 효과를 반영하는 것이 필요하다. 이에 따라 수평진동, 수평변위 사용성에 대한 목표성능 평가시에는 사용기간 중 예상되는 활하중을 P-Delta 효과에 반영한다. 구조안전성 목표성능 평가시에는「KDS 41 12 00 1.7.1」에 따라 주차장과 공공집회 장소를 제외하고 기본 등분포 활하중이 5.0kN/m^2 이하인 용도에 대해서는 활하중에 대한 하중계수를 0.5로 저감하여 P-Delta 효과에 반영할 수 있다.

5.3 구조해석

5.3.1 선형 시간이력응답해석

(1) 시계열 풍력데이터를 이용한 선형 시간이력응답해석 기법으로 직접적분법과 모드중첩법을 적용할 수 있다.

(2) 질량-감쇠-강성시스템에 직접적분법을 사용하여 시간이력응답해석을 수행할 수 있다. 직접적분법을 사용한 선형 시간이력응답해석의 경우 응답의 수렴성을 확보할 수 있는 시간간격을 고려해야 하며, 이 경우 응답의 수렴성을 검토하여야 한다.

(3) 질량-감쇠-강성시스템에 대하여 모드 중첩법을 사용하여 시간이력응답해석을 수행할 수 있다. 감쇠는 모드 감쇠비와 레일리(Rayleigh) 감쇠비를 조합하여 모델링할 수 있다.

(4) 구조 감쇠비는 해석대상인 풍응답 수준과 구조특성을 고려하여, 점성감쇠비로서 0.9~1.2 %로 적용한다.

해설 (2) 지진과 달리 풍하중에 의한 구조물의 응답은 1 Hz 미만의 저주파(장주기) 진동의 특성을 나타낸다. 따라서, 시간이력응답해석의 시간간격이 매우 적을 필요는 없으나, 해석의 수렴성과 정확성을 위해 시간간격을 0.25 s 이하 또는 풍진동에 영향을 미치는 최고차 진동모드 주기의 1/8 이하가 적정하다. 대부분의 건축물 풍진동에 영향을 미치는 변동풍속 에너지의 분포범위는 1 Hz이하(주기 1초 이상)이며, 대상건물의 축방향별 1차 또는 2차 모드가 주로 여기에 해당된다.

(4) 선형 시간이력응답해석을 수행하는 경우 일반적으로 구조감쇠로 적용하여 에너지 소산을 모델링한다. 감쇠의 경우 구조물의 응답을 저감시키므로, 과도한 감쇠의 추정은 구조물의 응답을 과소평가할 수 있다. 다양한 기준에서 제안하는 풍하중에 의한 구조 감쇠비는 크게 단일 수치와 고유진동수 또는 응답 의존적 수치로 구분될 수 있다. 유럽(Eurocode 1)과 오스트레일리아/뉴질랜드(AS/NZS 1170), 미국(ASCE 7-22)는 〈해표 5.1.2〉와 같이 점성감쇠비로서 풍진동에 대한 구조 감쇠비를 제시하고 있다. 국내에서는 기존 건축설계기준인 KBC 2016의 해설에서 제시한 감쇠비(철근콘크리트-1.2% 등)를 풍동실험 해석시 일반적으로 적용하고 있다.

〈해표 5.1.2〉 단일 수치 감쇠비 기준의 비교[Eurocode 1, AS/NZS 1170.2, ASCE 7]

설계 기준		재료에 따른 구조 감쇠비(%)		
		RC	SRC	Steel
Eurocode 1*		1.57	1.27	0.79
AS/NZS 1170.2:2022	Serviceability limit	1.0-1.5** 0.8-1.2***	(-)	1.0-1.2** 0.5-1.0***
	Ultimate limit	2.0-3.0	(-)	1.5-2.0
ASCE 7-22****	Serviceability limit	1.0-2.0		
	Ultimate limit	2.5-3.0		

* Eurocode 1의 감쇠비는 대수감소법(Logarithmic decrement)로 추정한 감쇠비이고 이 외 기준에서 감쇠비는 임계감쇠(Critical damping)에 대한 비율로써 결정된 감쇠비.
** 변위응답에 대한 사용성 평가를 위한 감쇠비.
*** 연중 최대 가속도에 대한 사용성 평가를 위한 감쇠비.
**** 미국의 철골 및 철근콘크리트 건축물의 내풍 설계에 일반적으로 적용되는 감쇠비.

내진 성능평가를 위한 감쇠비를 제안하고 있는 ASCE 41-23은 〈해표 5.1.3〉과 같이 감쇠비를 제안하고 있는데, 이러한 큰 감쇠비는 지진하중에 의한 구조물의 손상과 큰 응답 수준으로 인한 것으로 풍하중을 받는 구조물에서 기대하기 어려운 감쇠 수준이다.

〈해표 5.1.3〉 내진 해석을 위한 감쇠비[ASCE 41-23(7.2.4.6 & 7.4.4.4)]

(비)선형 정적, 선형 동적 해석		비선형 동적 해석	
기타	외장재/파티션이 없는 철골 구조물	기타	외장재/파티션이 없는 철골 구조물
5.0	2.0	$2.5 \le \frac{36}{\sqrt{h}} \le 5.0$	≤1.0

「ISO 4354」에 따르면 풍하중 해석시 높이 80m이상인 철골구조의 구조감쇠비 대표값은 0.01이며, 철근콘크리트 구조는 0.012로 제시하고 있다. 여기에서 수평진동 거주성 산정시에는 구조감쇠비 대표값의 75%를 적용한다.

Satake(2003), Tamura(2012), Spence & Kareem(2014) 등의 많은 연구에서 풍하중에 의한 구조물의 등가선형 점성감쇠(Equivalent linear viscous damping)는 고유진동수와 응답 수준에 대하여 의존성을 나타내는 것을 알 수 있다. 이러한 근거로, 일본건축학회의 AIJ-2000은 실제 계측 데이터를 바탕으로, 구조물 높이(H)에 대한 최상층 변위 응답(x_H)과 1차 고유진동수를 변수로 하는 추정식을 제안하고 있다(Satake, 2003). Tamura(2012)는 설계보다 실제 구조물의 고유진동수가 약 20% 낮다는 결과를 이용하여 AIJ-2000의 80% 수준의 감쇠비를 제안하였고, (x_H/H)가 일정 수준(약 2.0×10^{-5}–1.0×10^{-4}) 이상에서 감쇠비가 수렴하거나 오히려 저감되는 사실을 발견하였다(해표 5.1.4). 이는 확률밀도모델을 이용하여 감쇠비를 추정한 Spance & Kareem(2014)의 연구결과와 일치한다. 하태휴 등(2020)은 국내 36개동의 철근콘크리트조 건물(높이 24.2-305m)에 대하여 상시미진동 계측 후 등가 선형 점성감쇠비를 추정한 결과, 감쇠비가 1% 보다 낮음을 확인 할 수 있다. 따라서, 더 정확한 해석을 위해서 구조 감쇠비는 고유진동수와 재현주기 풍하중에 따라 예상되는 응답수준을 고려하여 결정해야한다.

〈해표 5.1.3〉 고유진동수와 응답 의존적 구조 감쇠비[AIJ-2000, Tamura(2012)]

Material	AIJ-2000	Tamura(2012)
RC	$\zeta_{RC} = 0.014f_1 + 470\left(\frac{x_H}{H}\right) - 0.0018$ $= \frac{0.93}{H} + 470\left(\frac{x_H}{H}\right) - 0.0018$	$\zeta_{RC} = \frac{0.75}{H} + 380\left(\frac{x_H}{H}\right) - 0.0014$
Steel	$\zeta_{RC} = 0.013f_1 + 400\left(\frac{x_H}{H}\right) + 0.0029$ $= \frac{0.65}{H} + 400\left(\frac{x_H}{H}\right) + 0.0029$	$\zeta_{ST} = \frac{0.52}{H} + 320\left(\frac{x_H}{H}\right) + 0.0023$

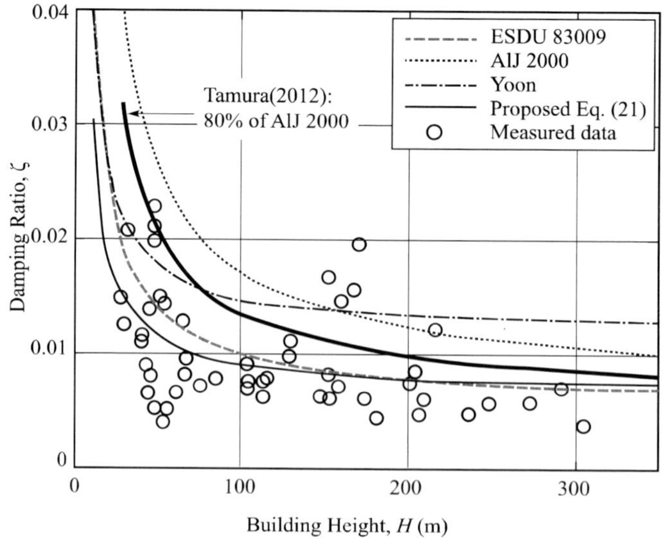

〈해그림 5.1.1〉 국내 36개동의 높이별 추정 감쇠비(Ha et al, 2020)

특히, Tamura(2012)는 감쇠를 두고 구조물의 동적운동에 가장 중요한 변수이지만, 가장 불확실하다고 지적하고 있다. 예컨대, 전체 데이터의 변동계수(Coefficient of Variance)는 대부분 70% 수준으로 평가된다(Havilland, 1976). 만약 설계 감쇠비를 2%로 가정하면, 감쇠비는 0.6부터 3.4 %(μ ± 1σ로서, 2 ± 1.4 %. 여기서 μ와 σ는 각각 평균과 표준편차를 나타낸다.) 범위에서 다양하게 나타날 수 있다. 범위 내 최소 감쇠비 대비 최대 감쇠비의 비율은 약 5.7로, 가속도 응답은 약 2.4배의 차이를 나타낼 수 있다. 이러한 감쇠의 불확실성을 해결하기 위하여 비선형 시간이력응답해석 시 구조감쇠비 0.09~0.012를 적용하고, 비선형 이력감쇠가 동적해석을 통해 반영되게 함으로써 풍진동에 대한 신뢰성 있는 감쇠의 반영이 가능하게 된다.

또한 감쇠장치의 적용을 통해 감쇠의 불확실성 해소와 건물의 응답을 저감할 수 있는 즉 구조물의 등가 감쇠를 향상시키는 방법을 고려할 수 있다. 감쇠장치는 구조물의 원 감쇠비가 작을수록 그 효과가 크고, (약 1% 이하의) 작은 감쇠비에서 구조물의 응답은 감쇠비에 따라 민감하게 변화하지만, 그 이상의 감쇠비 영역에서는 감쇠비 변화에 따른 응답의 변동폭이 작아지는 경향이 있다. 따라서 고층 건물에서 감쇠장치의 적용은 구조물의 응답 감소와 거동 예측 신뢰도 향상 등 안전성과 경제성, 사용성 측면에서 현저한 이점을 확보할 수 있다. 예컨대, 고층 건물에 널리 적용되는 동조질량감쇠기(Tuned Mass Damper, TMD)의 경우, 단 1%의 질량비(구조물질량 대비 TMD 질량)만으로도 약 3.53%의 등가감쇠비가 추가되는 효과를 얻을 수 있다. 건물을 1%의 감쇠비를 가지는 단자유도 구조물로 가정하면, 공진 시 정상 상태 응답은 감쇠장치에 의해 약 22% 수준으로 저감 시킬 수 있다.

5.3.2 비선형 시간이력응답해석

(1) 시간이력응답해석 시 주요 구조 부재 또는 연결부가 비탄성 응답을 보일 것으로 예상되거나 부가된 감쇠 시스템이 비선형 힘-변형 또는 비선형 힘-속도 관계를 갖는 경우 비선형 해석을 수행해야 한다.

(2) 힘지배 부재는 탄성으로 모델링 하고, 변형지배 부재는 기대강도를 사용하여 모델링해야 한다.

(3) 변형지배 부재의 비선형 이력 거동에 대한 모델링은 국내외 관련 가이드, 지침에 따르며, 구조실험을 통해 입증된 이력모델을 적용할 수 있다.

해설 (1) 구조안전성 목표성능 평가시 대상건물이 비탄성 거동을 나타낼 수 있으므로 비탄성 거동이 예상되는 부재에 비선형 이력모델을 적용하여 비선형 시간이력응답해석을 수행하는 것이 필요하다. 또한, 건물의 탄성응답이 예상되는 사용성 평가 수준에서도 댐퍼 등 에너지 소산 장치가 설치된 경우 해당 장치에 대한 비선형 이력모델을 적용하여, 비선형 시간이력응답해석을 수행하여야 한다.

(3) 비선형 구조해석시 각 부재별 비탄성 이력모델을 구조해석에 반영하여 에너지 소산을 수학적으로 모델링할 수 있다. 보, 기둥, 벽체 등 구조요소에 대한 비선형이력모델은 「철근콘크리트 건축물의 성능기반 내진설계 지침(2021)」, 「강구조물 성능기반 내진설계 및 평가지침(2023)」, ASCE 41 등 지침, 가이드 등을 참조하여 작성할 수 있으며, 구조실험으로 검증된 이력모델을 적용할 수 있다. 구조실험에 의한 이력모델을 적용할 경우 검증 보고서를 제시하여야 한다.

5.3.3 하중조합 및 해석절차

(1) 수평진동 사용성 및 수평변위 사용성 평가 하중조합

풍하중 이벤트 발생시 예상 활하중을 중력하중으로 반영하고, 마감 등을 고려한 자중과 가구, 적재물 등 지속되는 활하중을 포함하여야 한다. 예상활하중과 고정하중 및 풍하중을 다음의 식과 같이 조합하고 해석한다.

$$1.0D + L_{ex} + 1.0W_{MRI} \quad \text{식 (5.3.1)}$$

여기서, $D =$ 고정하중

$L_{ex} =$ 예상 활하중

W_{MRI}= 목표성능수준에 해당하는 재현주기 풍하중

(2) 구조안전성 평가 하중조합

KDS 기준에 따른 활하중과 고정하중 및 풍하중을 다음의 식 (5.4.2)과 같이 조합하여 구조해석을 수행한다. 비선형 해석시 중력하중을 먼저 적용하여 해석하고, 연속하여 풍하중에 대한 해석을 수행한다.

$$1.0D + 1.0L + 0.5(L_r \text{ 또는 } S \text{ 또는 } R) + 1.0\,W_{MRI}$$ 식 (5.3.2)

여기서, L= KDS 기준에 따른 저감 활하중

L_r = 지붕활하중

S= 설하중

R= 강우하중

해설 (1) ASCE 7-22 CC.2.2에서 변위 사용성 검토시 대상건물의 중요도에 따라 결정된 설계풍속을 사용하면 너무 보수적인 결과가 도출되므로, 사용성 평가에 적합한 짧은 재현주기의 풍하중을 적용하고, 다음의 해식 (5.4.1)의 하중조합을 적용하여 풍변위 해석을 수행하는 것을 제시하고 있다.

$$D + 0.5L + W_a$$ 해식 (5.4.1)

여기서 W_a= 사용성 평가를 위한 재현주기 풍하중

따라서, 예상활하중에 대한 상세한 검토를 수행하지 않는 경우 해식 (5.4.1)을 참조하여 $0.5L$을 예상활하중으로 적용할 수 있다. 또한, KDS 기준에 따른 활하중 저감을 적용할 수 있다.

사용성 평가를 위한 재현주기 풍하중에 대해서, ASCE 7-22는 2005년판에서, 50년 재현주기의 풍하중을 사용성 검토를 위한 풍하중으로 지정함과 동시에 풍압을 0.7배로 낮출 수 있도록 하였고, 이러한 저감은 약 10년 재현주기 풍하중에 해당하며, 재현주기의 선택은 엔지니어의 판단임을 설명하고 있다.

(2) 선형해석의 경우 구조해석시 각각의 Load Case를 해석하고, 해석결과를 선형조합하여 최대 부재력 등 하중영향을 산정할 수 있으나, 비선형 해석의 경우 하중재하 순서에 따라 부재력, 변형 등 하중영향이 달라질 수 있다. 따라서, 비선형 시간이력응답해석 시 중력하중에 대한 해석을 먼저 수행하고, 중력하중 해석 결과를 초기조건으로하여 시계열 풍력에 대한 응답해석을 수행하여야 한다. 시계열 풍력의 입력시 순간적인 충격효과가 작용하지 않도록 Ramp 구간을 적용하는 것이 필요하며, 잔류변위 등을 평가하기 위해 최종 입력하중에도 Ramp 구간을 적용하는 것이 필요하다.

6

보고서 및 제3자 검토

6 보고서 및 제3자 검토

6.1 개요

(1) 제3자 검토는 본 지침을 참조하여 독립적으로 성능기반 내풍설계에 대한 검토를 수행한다.

(2) 성능기반 설계 진행 시 풍동실험 수행기관으로부터 받은 풍동실험 보고서(산정 절차)와 비선형 모델 및 해석결과에 대하여 설계자를 제외하고 성능기반 내풍설계 결과를 검증할 수 있는 능력을 갖춘 2인 이상의 구조전문가의 검토가 필요하다.

해설 (2) 「KDS 41 10 15: 5.19 (6) (성능기반 내풍설계의 책임 및 검증)」에 따라 전문가 검토가 이루어져야 한다. 성능기반 내풍설계 보고서에는 제3자 검토(Peer Review) 의견과 이에 대한 설계자의 답변 및 반영 여부 기록을 제3자 검토 보고서로 첨부해야 한다.

6.2 검토 항목

(1) 풍하중 조건 설정 및 풍동실험 검토
- 재현기간별 설계풍속산정 : 기본풍속, 지표면조도구분 및 풍속고도분포, 지형계수, 중요도계수
- 풍기상 해석 결과
- 설계기준에 따른 풍하중
- 와류진동 발생, 공기력 불안정진동 발생 검토
- 풍동실험 결과

(2) 목표성능
- 적용 기준 또는 지침 설정
- 목표성능 : 수평진동 사용성, 수평변위 사용성, 구조안전성 등 KDS 기준에 따른 최소 목표성능 및 그 외 필요한 목표성능 설정

- 목표성능에 따른 재현기간별 풍속
- 허용기준 : 목표성능별 성능평가를 위한 허용기준 설정

(3) 허용기준

- 거동특성 분류 : 변형지배 및 힘지배 부재
- 거동특성에 따른 성능평가 방법
- 시스템 단위 허용기준
- 부재 단위 허용기준 : 보/연결보, 기둥, 벽체 등
- 비탄성 변형 누적 허용기준
- 저사이클 피로파괴(Low-cycle fatigue failure) 허용기준

(3) 시간이력응답해석 적용 풍력 검토

- 풍동실험 조건 : 실험풍속, 실험기류, 축소상사비, 주변건물 재현 등 성능기반 내풍설계를 위해 필요한 조건
- 시간이력응답해석을 위한 풍향각 선정 : 목표성능별, 풍속재현주기별 허용기준 평가가 적정하게 이루어질 수 있는 풍향각 선정
- 시계열 풍력 작용시간 및 반복횟수
- 시간이력데이터의 샘플링 간격 설정
- 시간이력 풍하중의 파워스펙트럼밀도(PSD) 함수
- 시계열 풍력 산정 적정성 검토 : 풍력실험의 풍력 파워스펙트럼, 풍력계수와 시계열 풍력의 풍응답 결과 비교, 그 외 적정성 검토를 위해 필요한 사항
- 시계열 풍력의 점진가력 설정

(4) 선형 및 비선형 해석모델 검토

- 해석모델 작성, 해석 절차 및 조건
- 해석프로그램의 적정성
- 입력하중 및 하중조합, 하중적용 순서
- 해석모델링 : 구조감쇠, 공기력감쇠, P-Delta 효과, 재료 강도, 재료 모델, 철근콘크리트 요소 유효 강성
- 비선형 재료 및 이력 모델 : 보/연결보, 기둥, 벽체와 제진장치 등 그 외 비선형 모델이 필요한 구성요소
- 해석모델의 검증 : 원설계 해석결과와 비교, 선형해석모델과 비선형 해석모델 비교 등 해석모델의 적정성 검토를 위한 검증결과

– 지하층 모델링

(5) 해석결과 검토

– 건물 사용성 검토 : 수평변위, 수평 응답가속도 등 대상건물의 사용성 만족을 위한 평가항목 검토 결과

– 구조안전성 검토 : 층간변형각, 부재별 소성힌지 분포, 에너지 소산, 보/연결보 성능수준, 기둥부재 성능수준 평가, 벽체 성능수준 평가, 기초 안전성, 전단강도, 비탄성 변형누적, 저사이클 피로파괴 등 대상건물의 구조안전성 만족을 위한 평가항목 검토 결과

(6) 그 외 성능기반 내풍설계의 적정성을 평가하기 위한 검토수행

6.3 설계 업무절차

성능기반 내풍설계의 절차는 1.1.2 **절차**에서 다루고 있으며, 본 장에서는 내풍설계의 설계 단계별 업무 절차를 설명하고, 이를 구체적으로 보여주는 예시를 제시한다. 아래 예시는 대상 건축물이 풍동실험실험 대상 건축물이면서 건축물 안전영향평가 대상인 경우를 가정한 것이다.

성능기반 내풍설계의 수행방식은 설계 시작 시점에 따라 두 가지 절차로 구분할 수 있다. 절차1은 설계 초기 단계부터 성능기반 내풍설계를 별도의 용역으로 수행하는 경우이며, 절차2는 풍동실험결과를 확인한 후, 불합리한 설계풍하중을 개선할 필요가 있어 성능기반 내풍설계를 추가로 수행하는 경우다.

절차1 : 설계초기의 계획설계 단계에서는 건축물에 대해 KDS 41 12 00 5(**풍하중**) 기준에 따라 산정된 등가정적 풍하중을 기반으로 예비 설계가 이루어진다. 이 과정에서 성능기반 내풍설계를 적용할 건축물은 기준 풍하중의 공진성분 풍하중(W_r)을 반응수정계수(R_w)로 나누어 설계에 반영한다. 이후, 계획안을 확정하고 기본설계단계로 넘어가면 건축물 안전영향평가를 수행하기 위해 풍동실험을 실시하며, 실험결과를 구조설계에 반영해야한다. 풍동실험으로 얻은 등가정적 풍하중 또한 공진성분 풍하중을 반응수정계수(R_w)를 나누어 설계에 적용한다. 이러한 과정으로 설계된 건축물은 실시설계단계에서 구조심의를 받기 전에 목표성능 수준별 선형 및

비선형 시간이력 응답해석을 실시하고 목표성능별 허용기준 만족여부를 평가하여 내풍설계를 완료하게 된다. 절차1은 계획설계 단계에서부터 반응수정계수(R_w)를 고려하여 합리적인 건축물 설계를 진행할 수 있으며, 이를 통해 설계 일정을 효율적으로 관리할 수 있다는 이점이 있다.

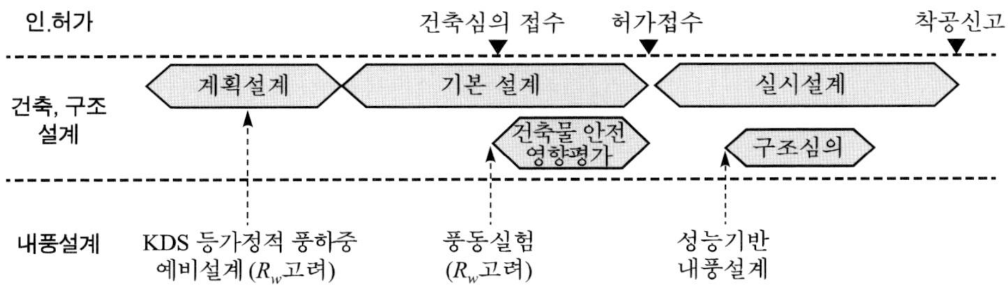

〈그림 6.3.1〉 내풍설계 업무 절차1(예)

절차2 : 설계 초기 단계부터 성능기반 내풍설계를 계획하지 않았으나, 기본설계 단계에서 실시한 풍동실험결과를 확인한 후 불합리한 설계풍하중을 개선하기 위해 성능기반 내풍설계를 수행하는 경우를 말한다. 이 경우, 계획설계 및 기본설계단계에서는 반응수정계수(R_w)를 고려하지 못했지만, 기본설계 이후 실시설계단계에서(구조심의 접수 전) 반응수정계수를 적용한 설계를 수행함으로써 합리적인 풍하중을 적용하고 내풍성능을 확인하는 절차를 따른다.

또한, 이 절차에서는 성능기반 내풍설계를 통해 기존 설계 대비 더 효율적인 횡력저항 시스템이 제안될 가능성이 있으므로, 경우에 따라 설계 일정 조정이 필요할 수 있다.

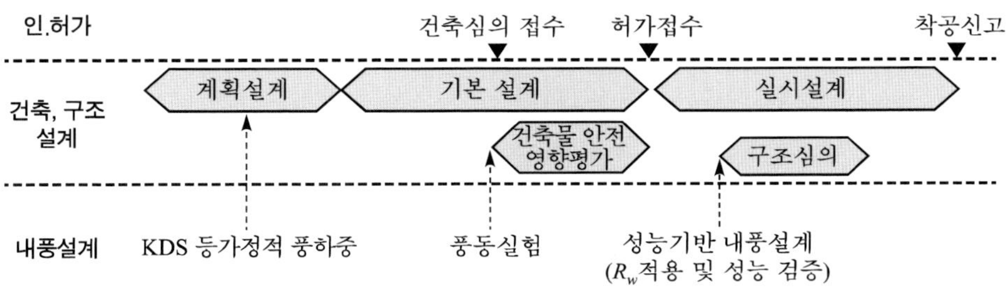

〈그림 6.3.2〉 내풍설계 업무 절차2(예)

특히, 절차2에서는 성능기반 내풍설계자와 원설계자가 서로 다를 수 있으므로, 설계 내용과 결과에 대한 책임범위를 명확히 설정하는 것이 중요하다.

7

적용예시

7 적용예시

7.1 개요

본 지침에서 기술한 내용에 대한 이해를 돕고, 지침에 따라 실제 건물에 대한 성능기반 내풍설계 수행 시 참조할 수 있는 적용예제를 제시하고자 한다. 본 예제는 부산지역 해안가에 위치하고, 형상도 세장비 1:4의 각주형상을 가진 정형적인 건물에 대하여 성능기반 내풍설계를 적용한 사례이다. 따라서, 실제 건물에 대한 성능기반 내풍설계 적용시 검토해야 할 사항과 다를 수 있으며, 적용결과도 실제 건물과 차이를 보일 수 있다.

7.2 대상건축물 및 설계조건

대상건물은 부산지역 해안가에 위치한 건물로서 〈그림 7.2.1〉과 같이 높이(H) 120m, 층수 30층, 폭(B)×깊이(D)가 30m × 30m인 세장비(B:H) 1:4의 규모로 가정하였다. 용도는 사무소 건축물이며, 코어(보통전단벽)과 모멘트골조로 이루어진 철근콘크리트 구조로 가정하고, KDS 기준(2022)에 따라 건축물의 구조설계를 수행하였다. 풍하중 산정을 위해 「KDS 41 12 00 : 5 (풍하중)」 기준에 따라 부산지역 기본풍속 42 m/s를 적용하였으며, 지표면조도구분은 해안가를 반영하여 조도 D로 평가하였다. (3.1 건설지점 풍속산정 참조)

기준에 따른 풍하중 및 지진하중 산정조건은 〈표 7.2.1〉과 같으며, 그 외 활하중 및 고정하중 등 중력하중은 용도에 맞게 적용하였다. 지진 및 풍하중 산정조건에 따라 하중을 산정하고, 크기를 비교하면, 〈표 7.2.2〉와 같다. 대상건물은 기본풍속이 크고, 해안가에 위치하여 지진하중 대비 풍하중이 X-축은 476%, Y-축은 460% 큰 것으로 나타났다.

항목	설계개요
위치	부산광역시 해안가
규모	지상30층 (높이 120m, 폭 30m)
용도	사무소 건축물
구조재료	철근콘크리트
구조시스템	철근콘크리트 보통전단벽
적용기준	건축물 설계하중 (KDS 41 12 00 : 2022, 국토교통부)
풍하중	• 기본풍속 42m/s (500년) • 지표면조도 구분 D • 중요도 1.0

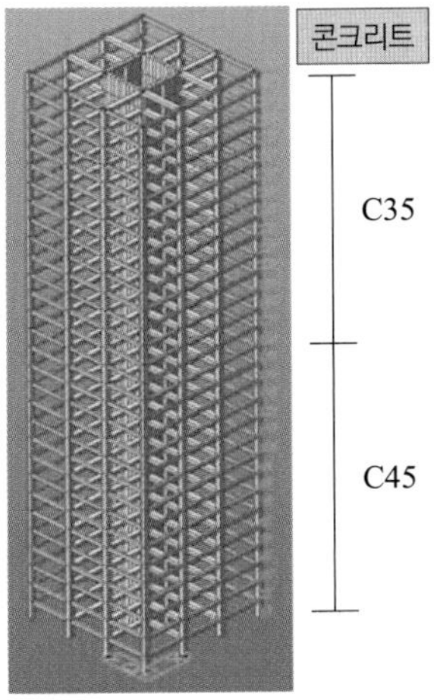

Structural members	Dimension
Core wall	(Thickness) 800mm
Link Beam	(width×height) 800×800mm
Beam	(width×height) G1: 1200×800mm G2: 1200×800mm G3: 1200×800mm G4: 1200×800mm G5: 500×700mm
Column	(width×height) C1: 900×900mm C2: 1200×1200mm C3: 1200×1200mm
Slab	(Thickness) 210mm

콘크리트 강도 35~45MPa, 철근 SD600~SD500

〈그림 7.2.1〉 대상건축물

〈표 7.2.1〉 지진하중 및 풍하중 산정조건

하중	하중산정 조건			
지진하중	유효지반가속도 (S)	0.22g	중요도계수 (I_E)	1.2
	지반종류	S2	하중계수	1.0
	반응수정계수 (R)	5	감쇠비	5%
풍하중	기본풍속 (V_0) 500년	42.0 m/s	지형계수 (K_{zt})	1.0
	기본풍속 (V_0) 50년	33.6 m/s	중요도계수 (I_w)	1.0
	기본풍속 (V_0) 1년	21.0 m/s	하중계수	1.0
	지표면 조도	D	감쇠비	1.2%

〈표 7.2.2〉 지진하중 및 풍하중 산정조건

Lateral Loads	X-axis (kN)	Y-axis (kN)	Key plan
지진하중 (E)	7,191	7,544	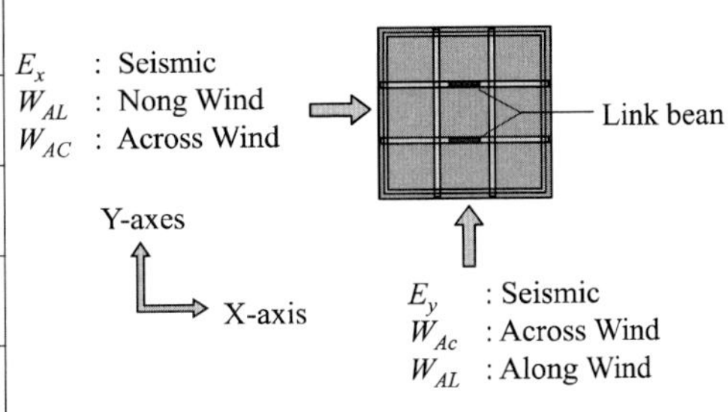
풍방향 풍하중 (W_{AL})	22,368	22,303	
풍직각방향 풍하중 (W_{BL})	34,218	34,700	
$W_{AL}/E\times 100(\%)$	311%	296%	
$W_{AC}/E\times 100(\%)$	476%	460%	

7.3 예비설계

KDS 기준에 따라 대상건물의 주골조 시스템에 대한 구조설계를 실시하였다.(4.1 예비설계 참조) KDS 건축구조설계 기준에 따라 설계하중, 하중조합을 적용하고 구조해석을 수행하였다. KDS 풍하중 기준에 따라 X-축 및 Y-축 2개 풍향에 대하여 풍하중을 산정하고, 축 방향별 수평풍하중을 조합하여 적용하였다.

대상 건축물의 X-축 및 Y-축의 1차모드 고유진동수는 0.31 Hz, 0.313 Hz이며, 감쇠비 1.2%를 적용하여 500년 재현주기 풍하중을 산정하면 〈그림 7.3.1〉 (a)와 같다. 그리고, 50년 재현주기 풍하중에 대한 변위를 산정하면 〈그림 7.3.1〉 (b)와 같으며, $H/500$와 비교하여 76% 수준의 변위값을 나타내었다.

500년 재현주기 설계하중 및 하중조합을 적용한 구조해석의 부재력에 대하여 부재설계를 수행하였다. 코어벽체 및 기둥부재의 DCR(Demand to Capacity Ratio)는 대부분 0.5~1.0로 설계하였으나, 부재 그룹핑에 따라 부분적으로 0.5 이하의 DCR로 설계되었다. 보부재의 경우 DCR 0.8~1.0 사이의 값으로 설계하였다.

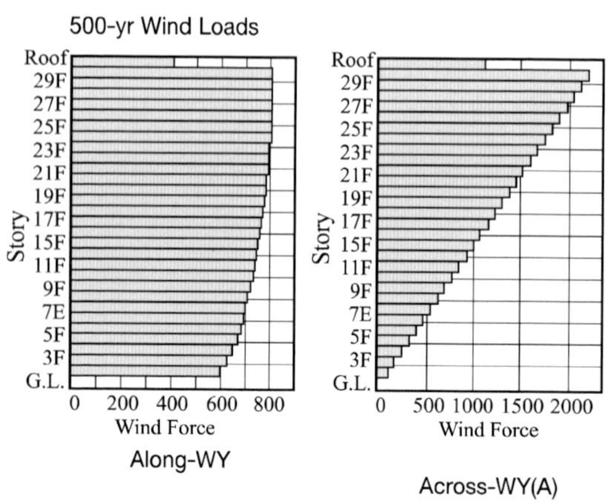

Parameter	X-axis	Y-axis
f_n (Hz)	0.3100	0.3134
ς (%)	1.2	1.2

$V_0 = 42$ m/s, $V_H = 66.43$m/s ($H = 120$ m)

(a) 500년 재현주기 풍하중

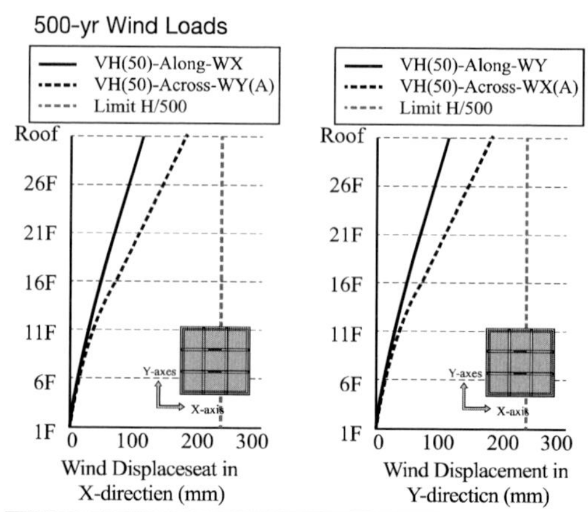

Case	X-axis (mm)	Y-axis (mm)
H/500	240	240
Along Wind	115.6	115.2
Across wind	181.4	182.2
Along Wind/(H/500)	48%	48%
Across Wind/(H/500)	76%	76%

(b) 50년 재현주기 풍하중에 대한 최대변위

〈그림 7.3.1〉 예비설계 풍하중 및 풍변위 검토

대상 건축물에 대한 예비설계의 데이터를 이용하여 구조질량, 구조동특성 등 풍동실험을 위한 구조데이터를 작성하였다. 풍력실험 및 풍압실험을 수행하였으며, 풍압실험 시 성능기반 내풍설계를 위해 풍압동시측정 풍동실험을 수행하였다. 풍압실험의 전경 및 실험조건은 〈그림 7.3.2〉와 같다. 시계열 풍력데이터 측정을 위해 풍압실험모델에 총 200개의 풍압공을 설치하고 36개 풍방향에 대하여 풍압데이터를 측정하였다.

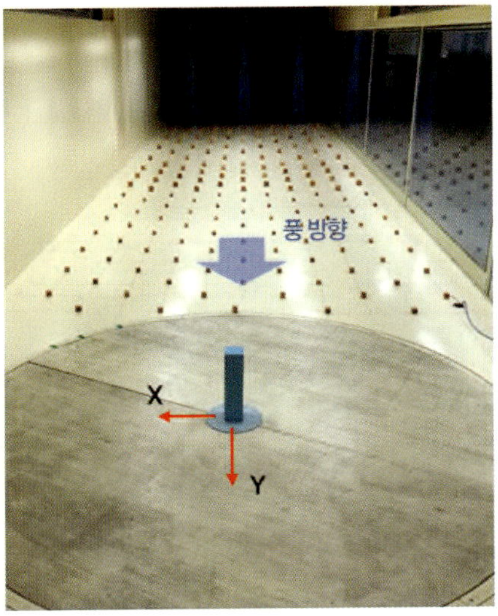

항목	풍압실험개요
실험조건	길이 스케일 1/300, 풍속 스케일 1/10.41
측정조건	• 36개 풍향, 측정주파수 600Hz, 측정시간 600s • 튜브 동특성 보정

〈그림 7.3.2〉 풍동실험전경 및 실험조건

7.4 제한적 비탄성 설계

대상건물의 제한적 비탄성 거동 유도를 위해 반응수정계수(R_w)를 이용한 비탄성 설계용 등가정적 풍하중을 산정하고, 대상건물에 대한 구조를 재설계 하였다.(4.2 제한적 비탄성 설계 참조) 제한적 비탄성 설계용 등가정적 풍하중은 KDS 기준 또는 풍동실험에 의한 설계풍하중으로 산정한다. 본 예제 대상건물의 형상이 정형적인 각주이며, 대상건물에 영향을 미치는 주변건물 또는 장애물이 없으므로 KDS 기준에 의한 풍하중과 풍동실험의 풍하중이 거의 동일하다. 따라서, 본 예제에서는 KDS 기준 풍하중을 이용하여 제한적 비탄성 설계를 위한 등가정적 풍하중을 〈그림 7.4.1〉과 같이 산정하였다. 설계 풍하중의 구성요소 중 공진성분 풍하중(W_r)을 반응수정계수(R_w)로 나누어 제한적 비탄성 설계용 풍하중을 산정하였으며, 이 때 대상건물의 시스템과 연결보의 요구연성도를 고려하여 $R_W = 1.5$ 를 적용하였다. (3.3.2 제한적 비탄성 설계용 등가정적 풍하중 참조)

비탄성 설계용 풍하중에 대한 산정결과에 따르면, X-축 및 Y-축의 풍방향 풍하중은 기존 설계풍하중 대비 각각 16%, 15% 감소하였으며, X-축 및 Y-축 방향의 풍직각방향 풍하중은 26% 감소하는 것으로 나타났다. 풍방향의 경우 평균성분과 변동성분 풍하중($W_m + W_{bk}$)이 전체 풍하중의 50% 수준이며, 풍직각 방향의 경우 평균 및 변동성분 풍하중에 대비하여 공진성분 풍하중(W_r)이 큰 비율을 차지한다. 따라서, R_w에 의해 풍직각 방향의 풍하중이 풍방향에 비해 감소비율이 높게 나타났다.

제한적 비탄성 설계용 등가정적 풍하중(W_{ieq})를 그 외 KDS의 설계하중과 조합하여 구조해석을 수행하고, 부재에 대한 재설계를 수행하였다. 재설계 시 구조시스템 및 구조부재의 단면 크기는 변경하지 않고, 철근 배근만 조정하였으며, 재설계에 따라 전체 부재의 철근 배근량이 감소하는 것으로 나타났다. 감소된 철근배근에 따라 구조안전성 목표성능 수준의 500년 재현주기 풍하중이 작용할 경우 대상건물의 비탄성 거동이 발생할 것으로 예상되었다.(4.2 제한적 비탄성 설계 참조)

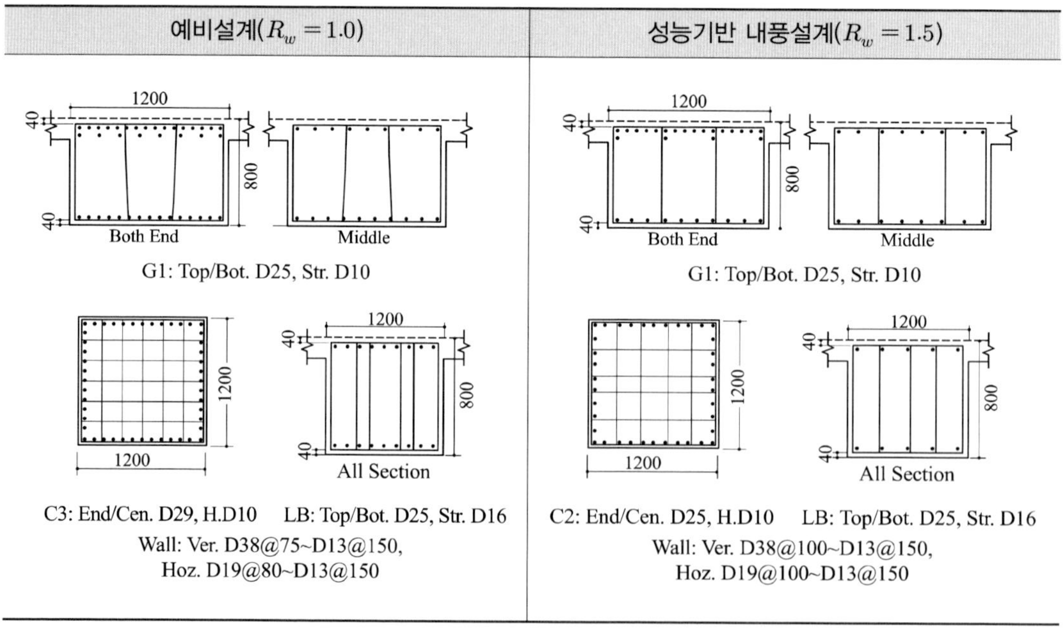

〈그림 7.4.1〉 제한적 비탄성 거동 유도를 위한 구조재설계

7.5 시간이력응답해석

동시측정된 풍압데이터를 이용하여 시간이력응답해석을 위한 시계열 풍력데이터를 작성하였다.(3.4 시간이력응답해석용 시계열 풍력 산정 참조) 목표성능에 대한 허용기준 만족여부를 평가하기 위해 수평 진동사용성, 수평 변위사용성 및 구조안정성 목표성능에 따른 1년, 50년, 500년 재현주기 시계열 풍력을 산정하였다. 재현주기별 시계열 풍력 산정시 상사법칙에 따라 모형레벨의 풍력을 실스케일 수준으로 환산하였다. 대상 건물의 주변으로 기류를 차폐하는 건물이 없으므로, 시계열 풍력에 의한 풍하중 영향이 기준 풍하중에 의한 풍하중 영향의 80% 수준이 되도록 시계열 풍력을 스케일링하지 않았다.

환산한 시계열 풍력의 적정성을 검토하기 위하여 〈그림 7.5.1〉과 같이 풍력스펙트럼과 평균풍하중 분포를 비교하였다. 〈그림 7.5.1〉 (a)와 같이 대상건물 풍력실험의 풍력 파워스펙트럼과 풍압데이터로 산정한 풍력의 파워스펙트럼이 유사한 것으로 나타났으며, 풍방향의 경우 KDS 풍하중 기준의 파워스펙트럼과도 유사한 결과를 나타내었다. 또한, 〈그림 7.5.1〉 (b)와 같이 풍압데이터로 산정한 평균 층풍력의 수직분포와 KDS 기준의 풍방향 평균 풍하중분포도 큰 차이를 보이지 않았다. 이를 통해 시간이력응답해석을 위한 시계열 풍력의 산정이 적정한 것을 확인하였다.(3.4.2 시계열 풍력산정 시 고려사항 참조)

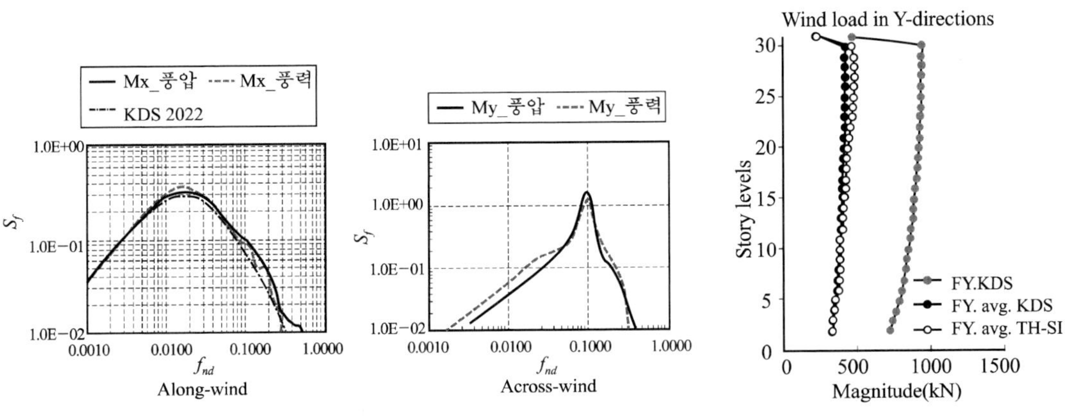

(a) 파워스펙트럼 비교 (b) 평균 풍하중 비교

〈그림 7.5.1〉 풍압데이터를 이용한 시계열 풍력 산정의 적정성 검토

시간이력응답해석을 위해 선형 및 비선형 구조해석 모델을 작성하였다. 수평 진동사용성 및 수평 변위사용성의 검토를 위해 선형 구조해석모델을 작성하였으며, 구조안전성 검토를 위해 비선형 구조해석모델을 작성하였다.(5장 모델링 및 해석 참조) 각각의 목표성능 수준에 따른 풍응답 발생 수준을 고려하여, KDS 기준에서 제시하고 있는 유효강성을 반영하

고, 적정 구조감쇠비를 적용하였다. 비선형 해석모델의 작성을 위해 국내 및 해외 지침에 의거하여 집중힌지와 섬유요소힌지 모델을 적용하였다. 비선형 해석모델의 재료강도는 기대강도를 적용하였으며, 재료물성 및 이력모델 등 비선형 파라메터도 국내외 지침에서 제시하는 모델에 따라 설정하였다. 또한, P-Delta 영향도 고려하였다.(5.2 해석시 요구사항 참조)

작성된 해석모델은 〈그림 7.5.2〉와 같으며, 해석모델의 적정성을 검토하기 위하여 원설계 해석모델과 고유주기를 비교하였다. 비교결과, 6차 진동모드까지 원설계 모델과 시간이력 응답해석모델의 오차가 1%이내인 것으로 나타났다.

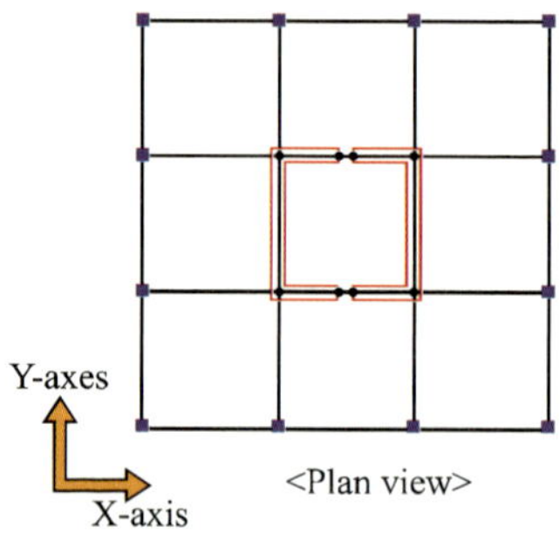

<Plan view>

Comparison of Eigenvalue Mode for 1-year return;

Mode No	원설계 - T (sec)	시간이력해석- T_{ctabs} (sec)	Difference %
1	2.7001	2.702	0%
2	2.697	2.698	0%
3	1.27	1.264	0%
4	0.6267	0.63	-1%
5	0.6045	0.608	-1%
6	0.4285	0.426	1%

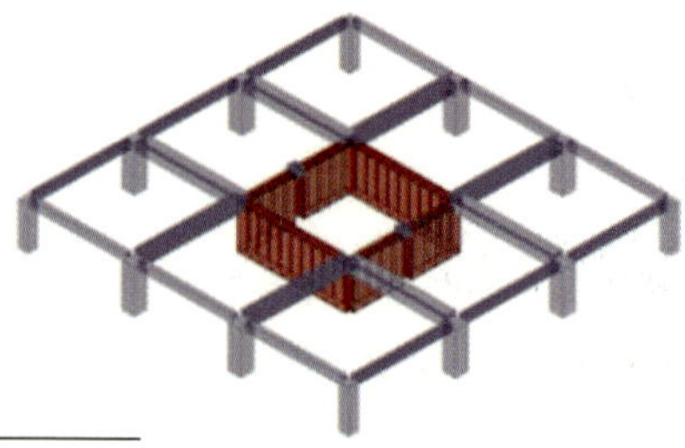

3D View of one story(10F)

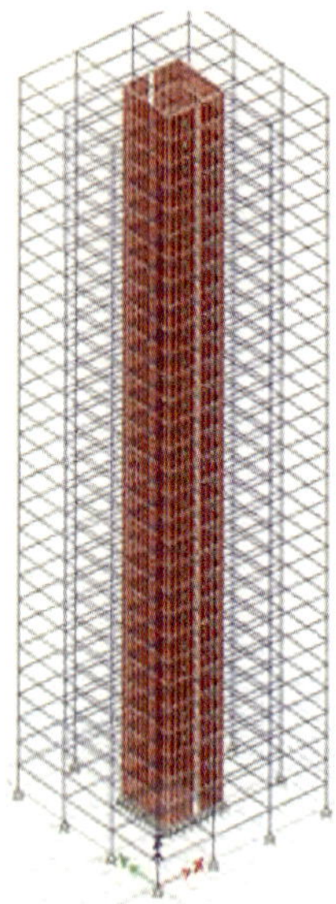

3D View

〈그림 7.5.2〉 시간이력응답해석 모델 작성

7.6 목표성능 평가

재현주기 1년의 시계열 풍력을 구조해석모델에 입력하고, 선형 시간이력응답해석을 수행하여 최상부 거주층의 시간이력 풍진동 가속도를 산정하였다.(5.3 구조해석 참조) 고정하중과 예상활하중을 입력하여 중력하중에 대한 해석을 수행하고, 시간이력응답해석과 조합하였다. 평가시간 10분에 해당하는 풍진동 가속도 샘플을 작성하고 피크 가속도를 추출하였으며, 샘플평균을 통해 피크 가속도의 기댓값을 산정하였다.

대상건물은 사무소 건축물이므로 〈해 그림 2.2.1〉의 사무소 건축물 진동사용성 기준을 적용하여 수평진동 사용성을 평가하였다. 〈해 그림 2.2.1〉은 재현기간 0.1년, 1년, 10년에 대한 진동사용성 기준을 진동주파수에 따라 제시하고 있다. KDS 기준의 수평진동사용성 성능목표는 1년 재현주기 진동가속도로 평가하므로 〈그림 7.6.1〉과 같이 사무소 건축물의 1년 재현주기 진동가속도 허용기준을 적용하여 수평진동사용성을 평가하였다. 피크 가속도의 평가 결과, X-축 및 Y-축의 피크가속도는 ISO 평가기준의 95% 수준으로 나타나 수평진동 사용성이 만족하는 것으로 나타났다.[2.2 수평진동 사용성(거주사용성) 허용기준 및 평가방법 참조]

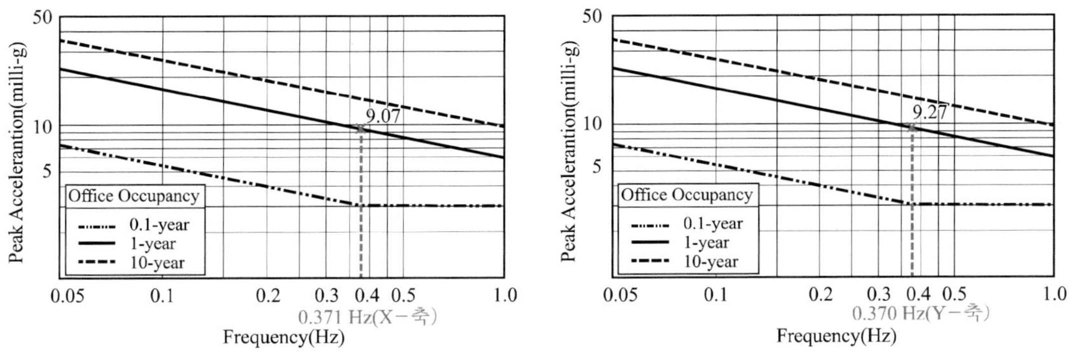

(a) X-축 진동사용성 평가 (b) Y-축 진동사용성 평가

〈그림 7.6.1〉 수평진동사용성 목표성능 허용기준 평가

그 다음으로 50년 재현주기 시계열 풍력으로 선형 시간이력응답해석을 수행하고, 변위사용성 목표성능에 대한 허용기준 만족여부를 평가하였다. 모든 부재는 탄성범위 이내이며, 잔류변위는 발생하지 않았다. 최상층 변위, DDI에 대한 풍응답 샘플을 작성하고 피크값을 산정하였으며, 샘플 평균을 통해 각각의 기댓값을 평가하였다. X-축 및 Y-축에 대한 최상층 변위비는 H/500의 77% 수준으로 허용기준을 만족하는 것으로 평가되었다. DDI의 경우에도 〈그림 7.6.2〉와 같이 허용기준인 0.0025 대비 75% 수준으로 허용기준을 만족한다. 따라서, 대상건물에 대한 수평 변위사용성목표성능이 만족하는 것으로 평가되었다.[2.3 수평변위 사용성(기능유지) 허용기준 및 평가방법 참조]

500년 재현주기 시계열 풍력을 입력하여 비선형 시간이력응답해석을 수행하고, 구조안전성 목표성능에 대한 허용기준 만족여부를 평가하였다.[2.4 구조 안전성(지속거주) 허용기준 및 평가방법 참조] 〈그림 7.6.2〉와 같이 해석결과에서 X-축 방향에 설치한 인방보에서 철근 항복과 이력거동이 발생한 것으로 나타났다. 피크 부재력의 해석결과에서 힘지배요소

인 전단의 D/C는 1.0 이하인 것으로 나타나 허용기준을 만족하는 것으로 확인되었다.

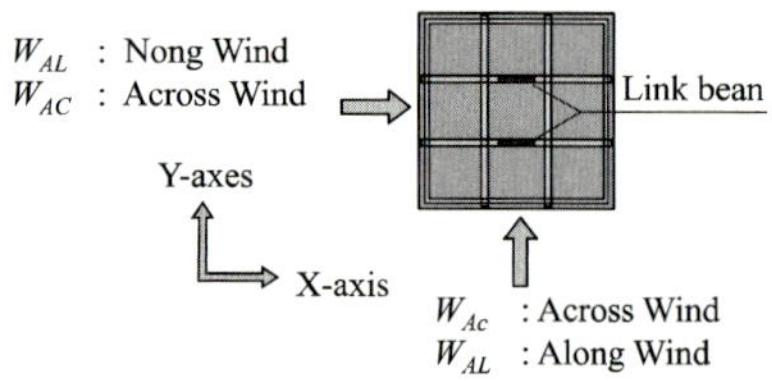

구조축	DDI(m)	
	X-축	Y-축
허용기준(a)	0.0025	0.0025
시간이력해석(b)	0.00188	0.00187
(b)/(a)×100(%)	75.2%	74.8%
판정	OK	OK

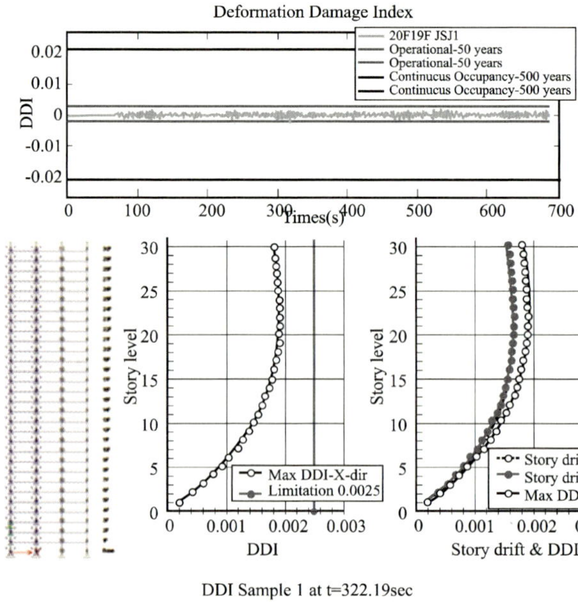

〈그림 7.6.2〉 수평 변위사용성 DDI 허용기준 검토

비선형 시간이력응답해석으로 잔류변위, 잔류층간변위, 피로성능에 대한 만족여부를 검토하였다. 본 지침에서 규정한 바와 같이 1시간 이하의 시간이력응답해석 데이터를 사용하는 경우 비탄성 풍응답의 수렴성을 평가하고, 해석결과를 1시간 이상에 해당하는 요구성능으로 환산하여 성능만족여부를 평가하였으며, 1시간 이상의 결과와 1시간 수준으로 환산한 결과를 비교하여 적정성 여부에 대하여 별도 검토를 수행하였다.

〈그림 7.6.3〉과 같이 잔류변위 및 잔류층간변위가 허용기준 H/1000 과 0.001을 만족하며, DDI도 허용기준 0.02를 만족하는 것으로 나타났다. 〈그림 7.6.4〉와 같이 피로에 대한 허용기준도 만족하는 것으로 나타났으며, 보 회전각, 철근변형률 등 비탄성 변형도 제한적 비탄성 거동의 범위에 충분히 만족하는 것으로 나타났다.

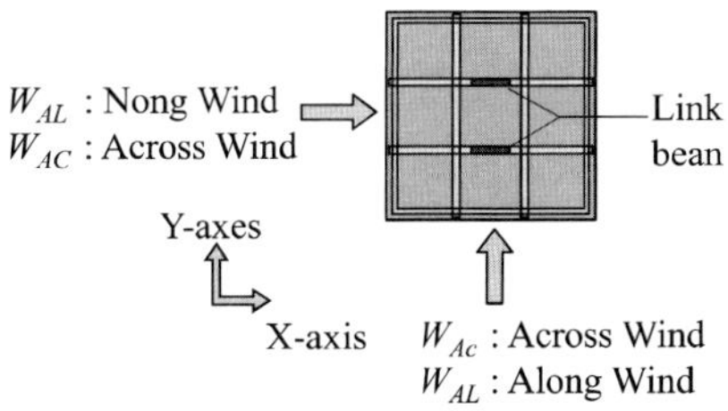

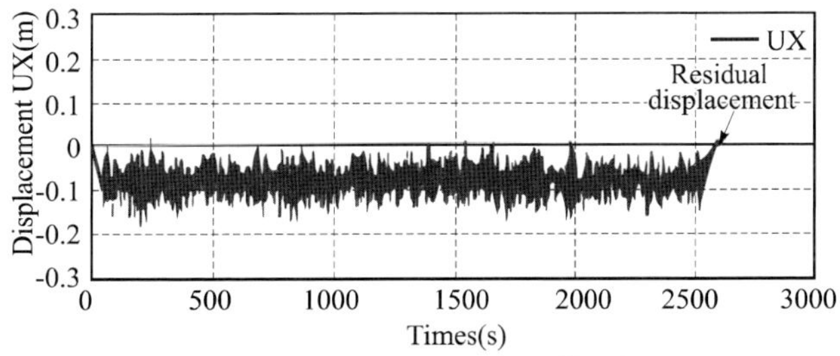

Case 1: Wind blows in X-direction

구조축	잔류변위(m)	
	X-축	Y-축
허용기준(H/1000)(a)	0.12	0.12
시간이력해석(b)	0.008856	0.009275
(b)/(a)×100(%)	7%	8%

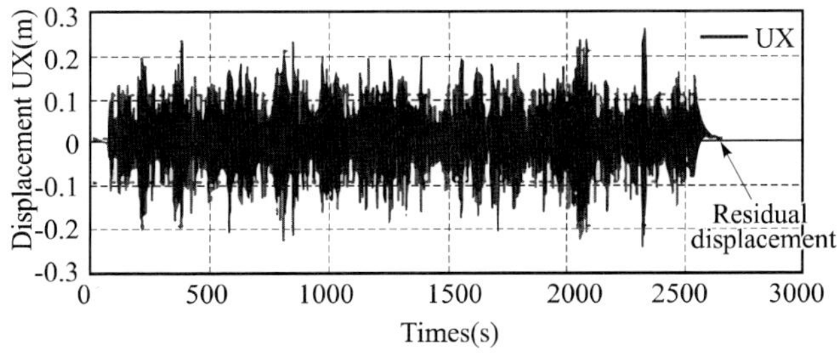

Case 2: Wind blows in Y-direction

〈그림 7.6.3〉 잔류변위 허용기준 검토

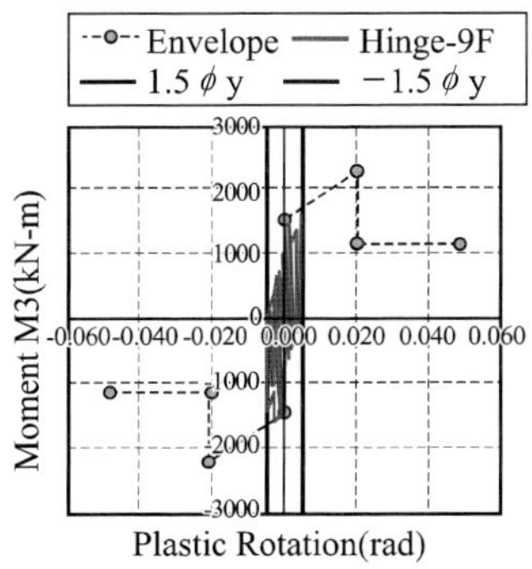

Case 2: Wind blows in Y-direction

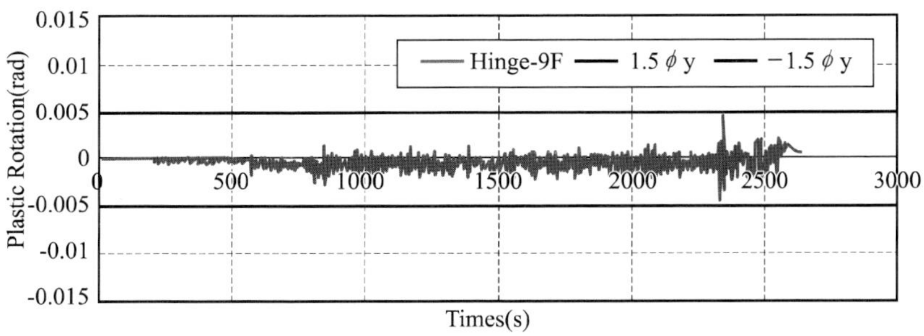

〈그림 7.6.4〉 연결보 피로 허용기준 평가

성능기반 내풍설계의 구조적 효과를 분석하기 위하여 〈그림 7.6.5〉와 같이 대상건물에 대하여 비선형 정적 해석(Pushover 해석)을 수행하였다. 시간이력응답해석 결과에서 연결보의 항복이 나타났으므로, 연결보에 모멘트 힌지와 전단힌지를 함께 모델링하여 해석하였다.

〈그림 7.6.5〉의 그래프 Y 축을 보면 반응수정계수(R)을 고려한 지진력이 500년 재현주기 풍하중보다 낮은 것을 알 수 있다. 이러한 경우 기존 500년 재현주기 풍하중으로 대상건물을 설계할 경우 구조물의 취성파괴가 발생할 수 있다. 비선형 정적해석 A와 달리 B와 같이 전단파괴를 고려한 경우 풍하중 지배 설계에 의해 연결보의 전단파괴가 발생하여 구조물의 갑작스런 내력저하가 발생하는 것으로 나타났다.

그러나, 〈그림 7.6.5〉 C의 성능기반 내풍설계를 수행한 건축물의 경우 안정적인 연성거동을 나타내므로, 2400년 재현주기 지진하중이 작용하여도 취성적인 파괴가 발생하지 않을 것으로 예상된다. 따라서, 풍하중과 지진하중을 고려한 설계시 풍하중 지배에 의한 취성파괴가 예상될 경우 성능기반 내풍설계를 통해 지진과 바람을 동시에 고려한 설계가 필요하다고 판단된다.

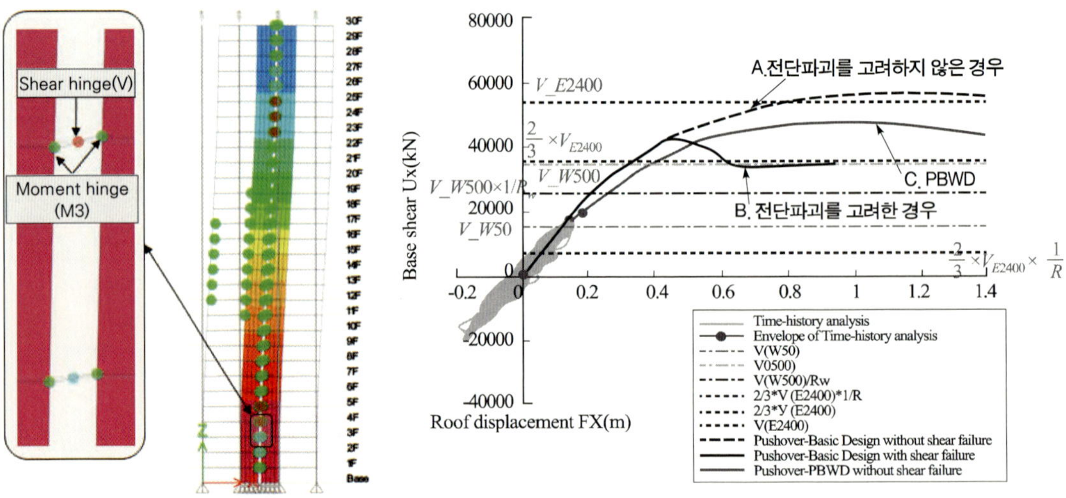

〈그림 7.6.5〉 성능기반 내풍설계 적용시 대상건축물 비선형 거동 해석

8

실무사례

8 실무사례

8.1 개요

실무절차 수행 시 세부 사항에 대하여 이해를 돕고자 실제 적용된 프로젝트의 실무사례를 작성하였다. 본 사례는 1개동을 대상으로 모든 설계절차를 설명하지 않고, 4개동을 대상으로 각 절차별 설명을 가장 효과적으로 할 수 있는 동을 선정하여 기술하였다. 또한 대상건물은 일반설계가 기수행된 건물을 대상으로 하였으므로, 성능기반 내풍설계의 절차 중 본 프로젝트에 적용되지 않은 사항은 대상건물과 별개로 절차의 일반적인 내용을 기술하였다.

8.2 대상건물

실무사례의 대상건물 개요는 다음과 같다.

- **대지 위치** : 부산광역시 동구 범일2동 830-90번지 일원
- **건물 용도** : 업무시설 및 공동주택
- **건물 층수** : 지하 4층, 지상 49층
- **구조형식** : 철근콘크리트구조
- **횡력저항시스템** : 내력벽 시스템 (철근콘크리트 보통전단벽)
- **지표면조도구분** : B, D 〈그림 8.2.1〉

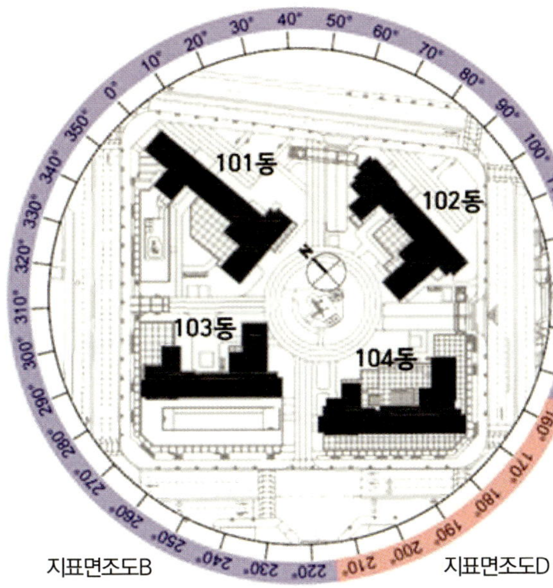

〈그림 8.2.1〉 대상구조물의 배치 및 지표면조도구분

8.3 Step1 : 구조물의 형상 및 단면가정

구조물의 형상과 단면가정을 위한 풍하중은 "KDS 41 12 건축물 설계하중"의 풍방향, 풍직각방향 풍하중 산정식을 적용한다.(4.1 예비설계 참조) 구조안전성 목표성능에 해당하는 제한적 비탄성 설계하중은 공진성분의 풍하중에 대하여 풍하중 반응수정계수 R_w(2.0 이하)을 적용하여 산정하며, 그 결과는 〈그림 8.3.1〉과 같다.(3.3.2 제한적 비탄성 설계용 등가정적 풍하중 참조) 기준에 따라 산정된 풍하중을 이용하여 수평변위 사용성 및 구조안전성에 대한 예비설계를 수행한다.

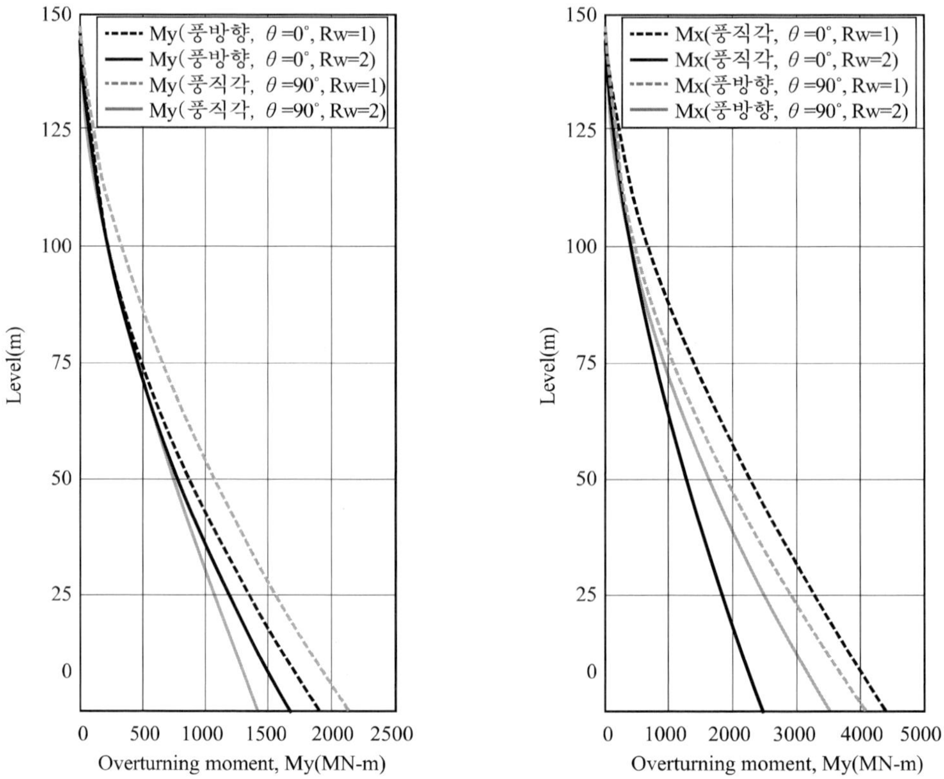

〈그림 8.3.1〉 반응수정계수를 적용한 풍하중 전도모멘트 ($R_w = 2.0$)

8.4 Step2 : 풍동실험 수행

대상건물은 특별풍하중 적용 대상이므로 풍동실험을 수행하여 수평진동사용성 평가와 구조설계용 풍하중을 산정하였다.(3.2 풍동실험 참조) 풍력실험을 통해 수평진동가속도의 평가와 구조골조 설계용 등가정적풍하중을 산정하였으며, 풍압실험을 통해 시계열 전점 동시측정 풍압데이터를 측정하였다. 풍압데이터를 이용하여 외장재 설계용 설계풍압과 성능기반 내풍설계를 위한 시계열 풍력을 산정하였다. 구조안전성 목표성능의 평가를 위해 실스케일 1시간 이상의 시계열 풍력을 얻을 수 있도록 풍압측정시간을 설정하였다.(3.4 시간이력응답해석용 시계열 풍력 산정 참조)

〈그림 8.4.1〉 전점 동시측정 풍압실험

8.5 Step3 : 재현기간별 주요풍향 선정

성능기반 내풍설계에서는 수평진동, 수평변위 사용성과 구조안전성에 대한 검증을 수행해야 하며, 각각 재현기간 1년, 50년, 500년(초고층 건축물인 경우, 900년) 풍하중에 대해 평가한다.(2.1 성능목표 및 요구성능 참조) 따라서 재현기간에 따라 어느 풍향에서 구조물의 평가항목대상인 하중효과가 가장 크게 발생하는지 확인하고, 주요풍향을 선정하는 것이 필요하다. 본 예제에서는 각 성능목표의 평가항목과 상관성이 큰 응답 요소를 선형 시간이력응답해석으로 36개 풍향에 대해 평가하였고, 구조축의 ±X, ±Y 방향 및 4분면별 SRSS (Square Root of Sum of Squares)의 값이 가장 크게 발생하는 풍향을 주요풍향으로 선정

하였다.(3.4.1 일반사항 참조)

주요풍향 선정을 위한 구조해석을 위해 풍력실험 시계열 데이터를 사용하였다. 본 사례에서는 풍속재현기간별 선형 시간이력응답해석을 위하여 풍력실험의 풍력계수를 해당 재현기간에 대한 풍속비와 길이비 등을 고려하여 실스케일의 층풍력으로 환산하여 구조해석모델에 적용하였다. 풍력계수를 층풍력으로 환산하는 방법은 기존 연구문헌을 참조하였다. 선형 시간이력응답해석을 수행하여 <그림 8.5.1>과 같이 구조안전성(500년) 목표성능에 해당하는 밑면전도모멘트 시간이력 데이터를 구하고, <그림 8.5.2>와 같이 M_x, M_y 각각의 최대값과 SRSS 최대값이 발생하는 풍향각을 선정하여 주요풍향으로 선정하였다. 수평진동(1년재현주기) 및 수평변위(50년재현주기) 사용성에 대해서도 선형 시간이력응답해석을 수행하여 각각 가속도 및 최상층 변위를 대상으로 주요풍향을 선정하였다.

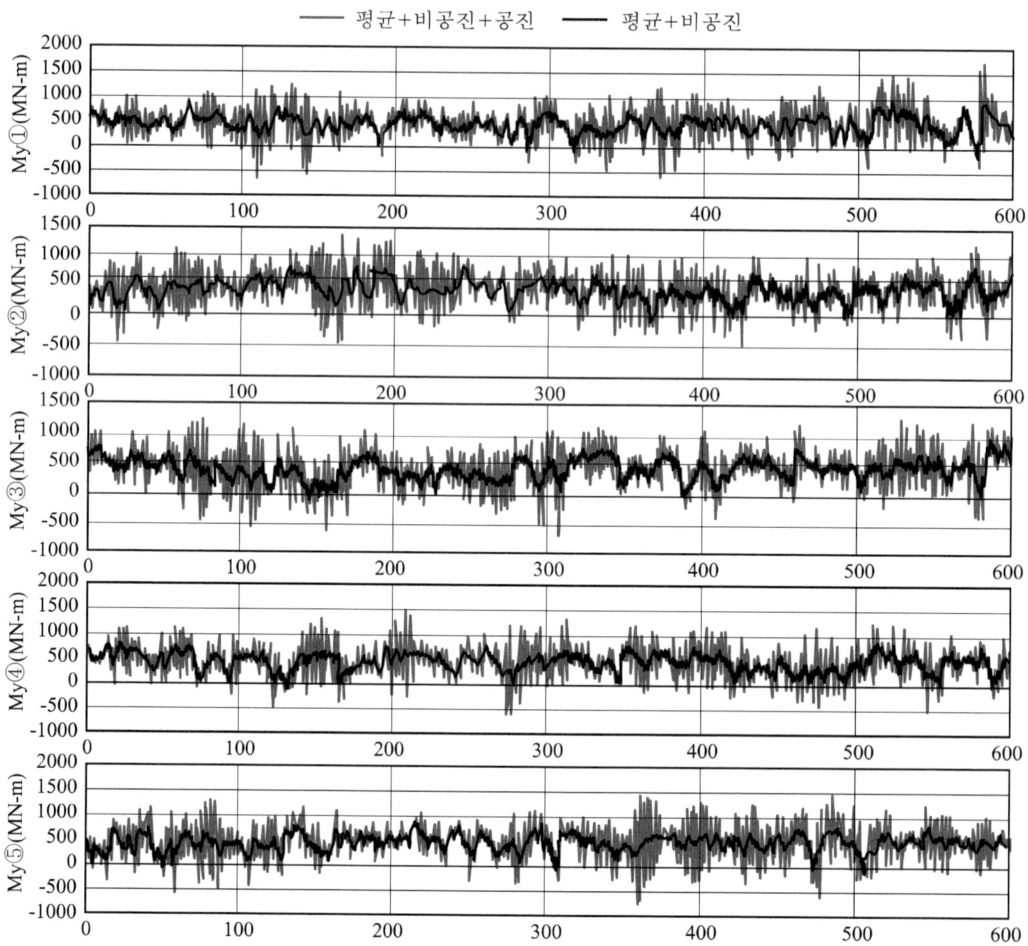

<그림 8.5.1> 선형 시간이력응답해석 수행 예시(210° 풍향, 5개 샘플, My)

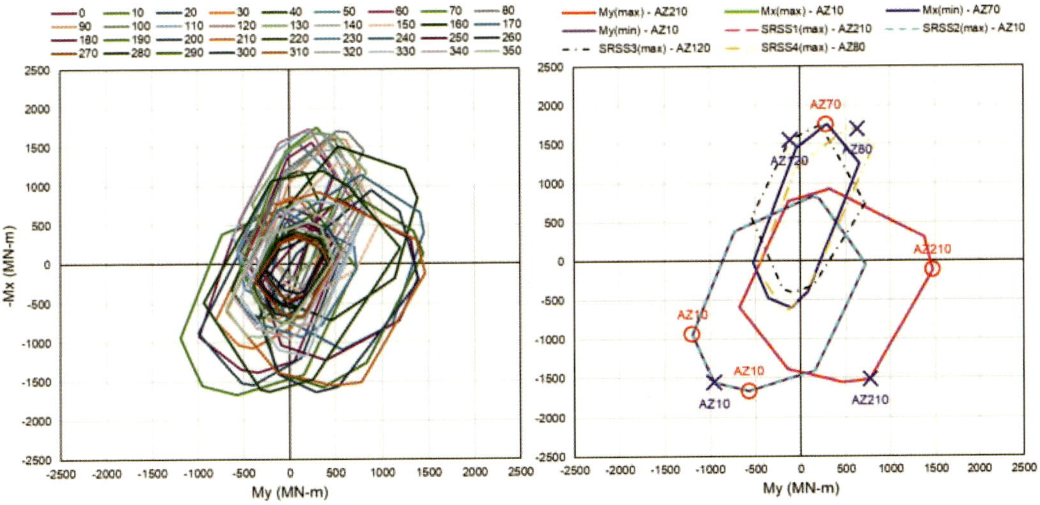

〈그림 8.5.2〉 구조안전성 주요풍향 선정(재현기간 500년)

8.6 Step4 : 재현기간별 풍압적분 시계열 데이터 산정

풍압실험 모형의 전체 풍압공에 대한 풍압 동시측정 풍압실험을 통해 〈그림 8.6.1〉과 같이 대상구조물의 표면에서의 풍압 시계열 데이터를 측정하고, 해당 풍압공의 분담면적과 시계열 풍압데이터를 곱하여 풍력으로 환산하였다. 또한 구조물의 강성중심과 해당 풍압공의 거리를 구하고, 이를 풍압데이터에 곱하여 비틀림 모멘트를 산정하였다. 이러한 작업을 전체 풍압공에 대하여 수행하고, 〈그림 8.6.2〉와 같이 대상건물의 층풍력으로 분배하여 풍속 재현기간별 시간이력응답해석을 위한 시계열 층풍력 데이터를 산정하였다.(3.4 시간이력응답해석용 시계열 풍력 산정 참조)

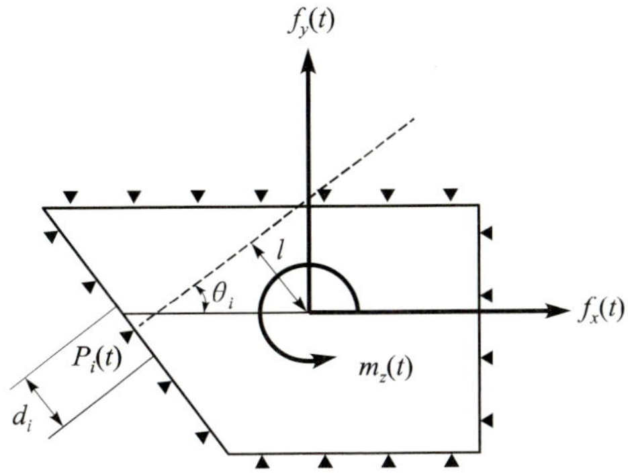

〈그림 8.6.1〉 풍압적분법을 이용한 풍력산정

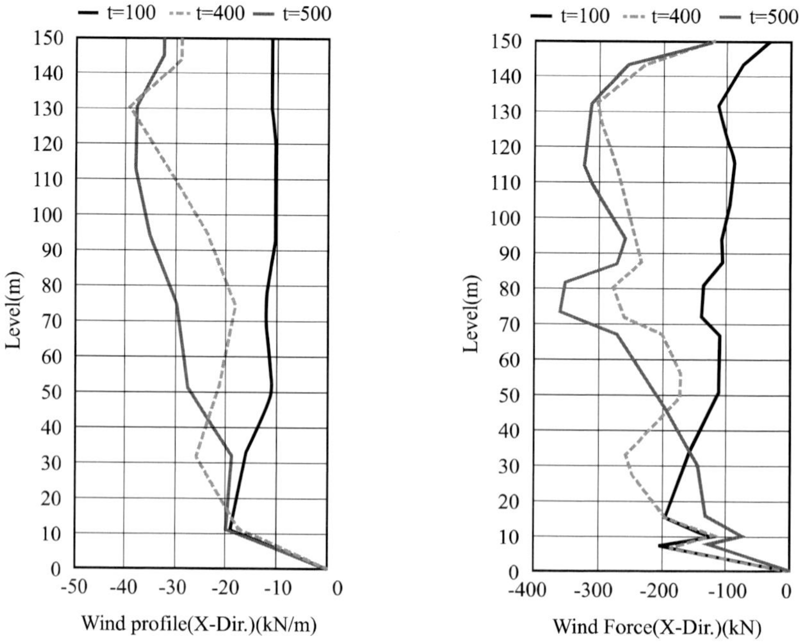

〈그림 8.6.2〉 높이방향 Wind profile(좌) 및 층풍력(우) 예시(101동, 1번 샘플, X방향)

본 사례에서는 풍압적분법과 풍력실험의 풍력계수를 이용한 시계열 층풍력을 각각 산정하고 선형 시간이력응답해석을 통해 얻어진 하중효과(밑면 전도모멘트)를 〈그림 8.6.3〉과 같이 비교하여 풍압적분법의 적절성을 검증하였다.

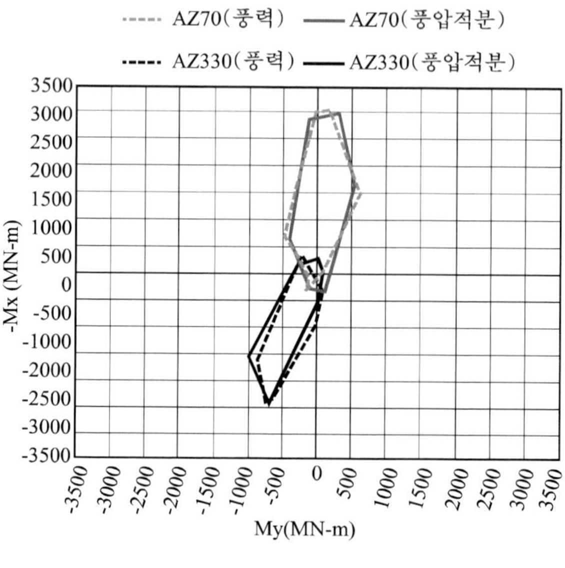

〈그림 8.6.3〉 풍력실험 및 풍압적분법 시간이력응답해석 Trajectory 비교(101동)

8.7 Step5 : 수평진동 및 수평변위 사용성 목표성능 평가

대상구조물의 수평진동 및 수평변위 사용성을 평가하기 위해 재현기간 1년, 50년에 해당하는 풍하중에 대해 각각 시간이력응답해석을 수행하고 성능목표 만족여부를 확인하였다. 본 예제에서는 각 성능항목에 해당하는 재현기간 풍하중을 대상으로 하는 10분 길이의 시계열 데이터들을 활용하여 각각 선형 시간이력응답해석을 수행하여 샘플 평균을 하였다. 재현기간별 풍하중에 대한 콘크리트 부재의 균열정도에 따라 구조물의 응답이 달라질 수 있으므로, 각 재현기간별 풍하중 응답 해석모델에는 적합한 유효강성 및 감쇠를 적용하였다.

대상건축물의 경우 폭이 넓은 구조이므로 수평진동 사용성 평가시 〈그림 8.7.1〉과 같이 평면의 질량중심뿐만 아니라 시간이력응답해석 결과에서 건물 최외단의 진동가속도를 구하여 진동사용성을 평가하였다.[2.2 수평진동 사용성(거주사용성) 허용기준 및 평가방법 참조] 이와 같이 성능기반 내풍설계를 통해 진동가속도의 평가목적에 맞게 평가위치를 선정할 수 있다.

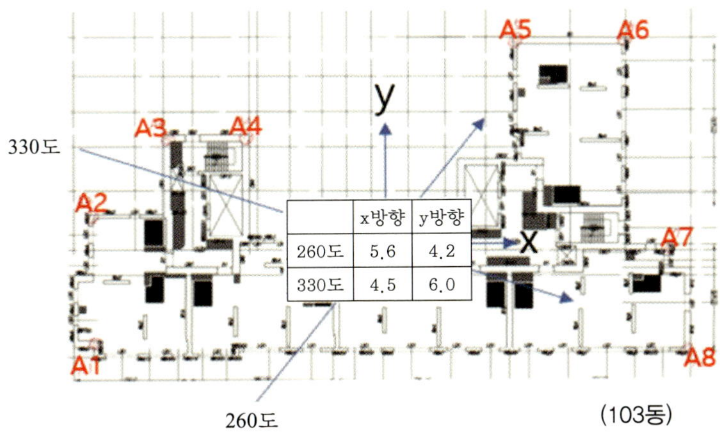

	x방향	y방향
260도	5.6	4.2
330도	4.5	6.0

〈그림 8.7.1〉 수평진동가속도 평가위치

50년 재현주기 풍속에 대하여 대상건물의 수평변위 사용성을 평가하였다.[2.3 수평변위 사용성(기능유지) 허용기준 및 평가방법 참조] 최대변위비 및 변형손상지수(Deformation Damage Index, DDI)를 각각 평가하였으며, DDI는 〈그림 8.7.2〉와 같이 각 창호에 대하여 평가하였다. 창호 1열의 높이방향 DDI의 평가결과는 〈그림 8.7.3〉과 같다.

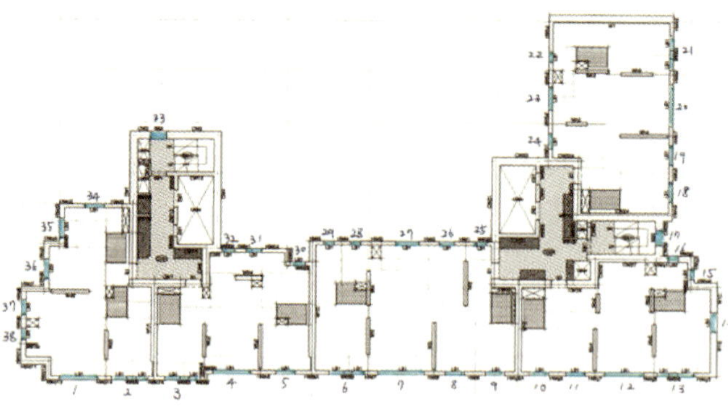

〈그림 8.7.2〉 DDI 측정 위치 (104동)

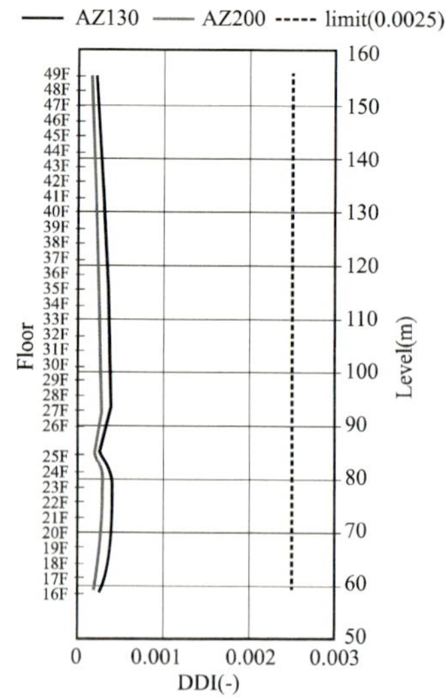

〈그림 8.7.3〉 DDI 평가 (104동)

8.8 Step6 : 구조안전성 목표성능 평가

〈그림 8.8.1〉과 같이 각각의 풍동실험을 실시하여 주변건물의 차폐효과와 대상구조물의 공기역학적 특성에 의한 효과를 고려하여 차폐효과 Scale factor를 산정하여 풍동실험에서 구한 주골조 설계용 등가정적 풍하중에 적용하였다.(3.3.1 탄성설계용 등가정적 풍하중 참조) 차폐효과 Scale factor가 적용된 주골조 설계용 풍하중의 공진성분 비율을 계산하고, 적절한 풍하중 반응수정계수 R_w (2.0 이하)을 적용하여 제한적 비탄성 설계용 등가정적 풍하중을 산정한 후 산정된 등가정적 풍하중과 이외 설계하중을 조합하여 탄성해석을 수행하고, 부재설계를 실시하였다.(4.2 제한적 비탄성 설계 참조)

〈그림 8.8.1〉 차폐효과가 있는 경우(좌)와 없는 경우(우) 풍동실험

먼저, 주요 풍방향에 대한 풍압적분 시계열 풍력을 이용하여 선형 시간이력응답해석을 수행하였다. 이를 위해 구조해석모델에 모든 구조요소를 포함하였으며, 유효강성, 감쇠효과 등을 기준, 지침 등에 따라 적정하게 모델링하였다.

선형 시간이력응답해석에서 DCR(Demand to Capacity Ratio)이 1.0을 초과하는 변형지배 부재는 비선형 시간이력응답해석을 수행할 경우, 비선형 거동을 보일 것으로 예상되는 부재이다. 성능기반 내풍설계에서는 제한적인 비탄성 변형만을 허용하므로, 선형해석에서 DCR 값이 과도하게 크게 나타나는 경우 비선형 시간이력응답해석을 수행했을 때 허용기준을 만족하지 못할 수도 있다. 따라서 선형해석을 통해 변형지배부재의 DCR을 제한함으로써 변형지배부재의 과도한 비탄성 변형을 방지할 수 있다. 변형지배 부재의 DCR을 1.25 이하(부재 기대강도 적용)로 규정한 것은 ASCE prestandard의 값이며, 엔지니어의 판단에 따라 이와 다른 값을 적용할 수도 있다.(2.4.2 허용기준 참조)

본 사례에서는 대상건물의 구조부재를 힘지배 또는 변형지배 부재로 분류하고, 선형 시간이력응답해석에 의한 DCR을 계산하였다. 그리고, 힘지배 부재의 DCR은 1.0 이하, 변형지배 부재의 DCR은 1.25(부재 기대강도 적용)가 되도록 설계를 수정하였다. 이를 통해 비선형 시간이력응답해석시 변형지배 부재가 제한적인 비탄성 거동을 나타내도록 부재배근을 조정하였다.

그 다음으로 대상구조물의 비선형 거동을 적절하게 모델링 하기 위해 수치해석법, 유효질량, 유효강성, 부재 적용해석모델, 감쇠효과, 기하비선형 등을 정의하였다. 대상구조물의 비선형모델링을 위해 ASCE41, 성능기반 내진설계 지침, TBI2017 등의 문헌을 참고하여 비선형 모델링을 하였다.(5.3.2 비선형 시간이력응답해석 참조)

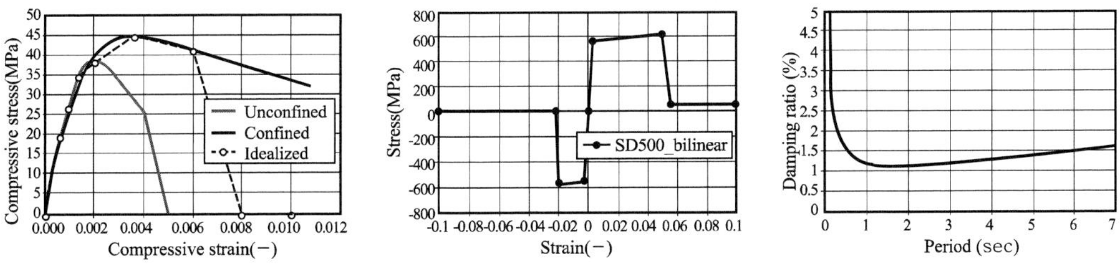

(a) 섬유요소모델에 적용된 Mander모델(35 MPa)

(b) 섬유요소모델에 적용된 철근 Bi-linear 모델(SD500)

(c) 해석모델의 주기-감쇠비 관계(101동)

〈그림 8.8.2〉 비선형 시간이력응답해석을 위한 비선형 모델

대상구조물의 구조안전성을 평가하기 위해 재현기간 500년 또는 900년 풍하중에 대해 비선형 시간이력응답해석을 수행하고 성능목표를 만족하는지 확인해야 한다. 본 예제에서는 재현기간 500년 풍하중을 대상으로 하는 시계열 데이터 3개 샘플을 활용하여 비선형 시간이력응답해석을 수행하였다.

본 지침 2.4.3에서 제시한 바와 같이 비선형 시간이력응답해석의 결과에서 비탄성 풍응답의 누적이 수렴하는 것을 확인하고, 하중작용시간 1시간 이상의 풍응답 데이터를 이용하여 목표성능 만족여부를 평가하여야 한다. 다만, 합리적인 방법으로 1시간미만의 풍응답 데이터를 사용하여 1시간이상의 풍응답에 해당하는 값으로 환산하여 산정할 경우 이를 이용하여 성능평가를 할 수 있다.(2.4.3 요구성능 평가방법 참조)

따라서, 본 사례에서는 누적손상영향계수를 구하고, 하중작용시간이 1시간미만의 풍하중에 대한 해석결과를 기반으로 하여 누적손상영향계수를 적용함으로써, 간접적으로 한 시간 동안의 풍하중이 대상 구조물에 미치는 누적손상영향을 평가하는 방법을 적용하였다. 누적손상영향계수는 1시간미만의 풍하중에 의해 발생된 지붕층 비탄성 변형량에 대한 1시간 풍하중에 의해 발생된 지붕층 비탄성 변형량의 비로 정의할 수 있다. 〈그림 8.8.3〉과 같이 본 예제에서는 비탄성변형의 수렴이 충분히 확인 가능한 시간까지 비선형 시간이력응답해석을 수행하였고, 회귀분석식과 비교하여 누적손상영향 계수의 타당성을 검증하였다.

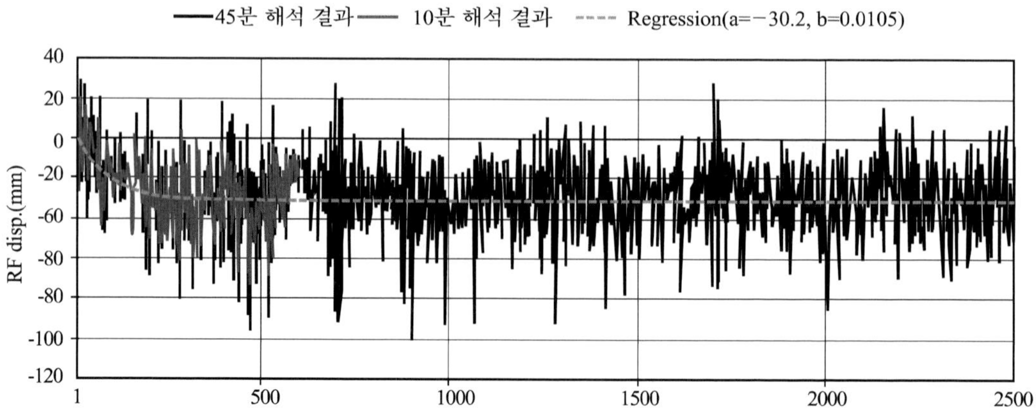

〈그림 8.8.3〉 비탄성 변형의 회귀분석식과 45분 해석결과의 비교

횡변위 및 층간변위비에 대한 1시간미만 길이의 3개 샘플로 잔류 최대 변위비와 잔류 층간변위비를 구하고, 누적손상영향계수를 적용하여 1시간 풍하중에 대한 값으로 환산하였다. 환산된 잔류 최대변위비와 잔류 층간변위를 허용기준과 비교하여 목표성능 만족여부를 평가하였다.

저주파피로(Low cycle fatigue, LCF)는 파단 변형 이내의 반복 변형이 발생했을 경우 반복변형에 의해 피로파괴가 발생하는 것으로, 풍하중과 같이 장시간의 반복하중이 작용하는 구조물에서 발생할 수 있으며 이에 대한 검토가 필요하다. 본 사례에서는 <그림 8.8.4>와 같이 하중작용시간이 1시간미만의 풍하중 3개 샘플에 대한 시간이력응답해석이 수행되었으며, 각 샘플에 대해 탄성한계강도를 초과하는 횟수를 평균한 후 그 횟수에 1시간에 해당하는 배수를 곱해 1시간 풍하중에 대한 LCF를 평가하였다.

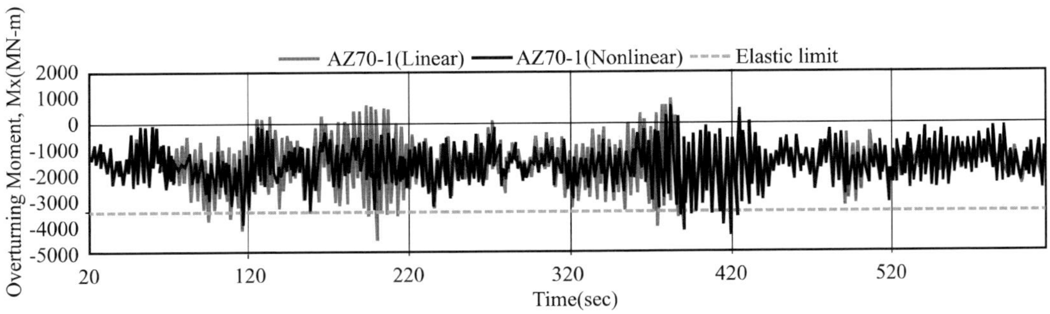

<그림 8.8.4> 주요풍향에 대한 선형 및 비선형 시간이력응답해석 수행 결과

구조부재의 탄성한계하중 초과 회수와 <그림 8.8.5>와 같이 Coffin-Manson model을 이용하여 최대 허용 반복 소성변형률을 계산하고, <표 8.8.1>과 같이 각 부재의 반복 소성변형률이 최대 허용 반복 소성변형률을 초과하는지 여부를 평가하였다.

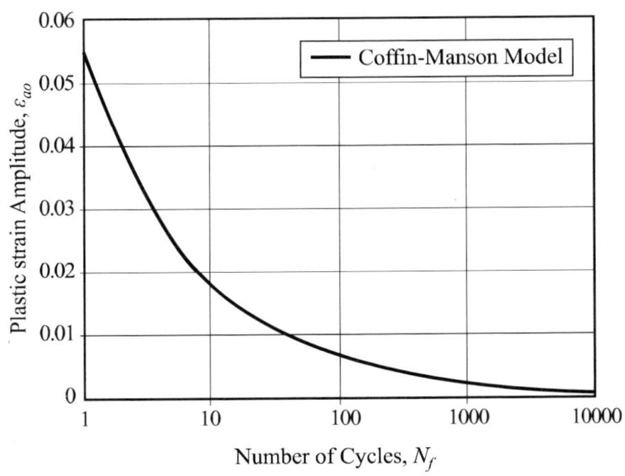

<그림 8.8.5> 철근의 S-N선도(Coffin-Manson Model)

〈표 8.8.1〉 연결보 부재의 LCF 평가 예시

부재	춤	길이	변형각	변형율	최대 허용 반복 소성변형율					
	h	L	$\Delta\theta_p$	$\Delta\varepsilon_p$	10min	20min	30min	40min	50min	60min
	[mm]	[mm]	[rad]	[–]	0.0295	0.0213	0.0176	0.0154	0.0139	0.0128
(6~13F)LB1-4	750	1200	0.0032	0.0060	OK	OK	OK	OK	OK	OK
(14~20F)LB1-4	750	1200	0.0033	0.0062	OK	OK	OK	OK	OK	OK
(21~RF)LB1-4	750	1200	0.0029	0.0055	OK	OK	OK	OK	OK	OK
(6~13F)B1-1	510	1250	0.0034	0.0042	OK	OK	OK	OK	OK	OK
(14~20F)B1-1	510	1250	0.0035	0.0043	OK	OK	OK	OK	OK	OK

하중작용시간 1시간 미만의 풍하중 3개 샘플에 대한 샘플평균으로 최대 횡변위비와 DDI를 산정하고, 누적손상영향계수를 적용하여 1시간 길이에 해당하는 값으로 환산하였다. 환산된 최대횡변위비와 DDI값을 허용기준과 비교하여 목표성능만족여부를 평가하였다.

전단벽의 경우 휨모멘트와 전단력이 탄성범위 이내인 것으로 나타났으며, 연결보는 휨거동시 비탄성변형이 발생하였다. 연결보에 과도한 비탄성 변형이 발생하였는지 확인하기 위하여 소성회전각을 평가하였으며, 모든 연결보가 IO 수준의 비탄성 거동을 나타내는 것을 확인하였다. 기둥의 경우에도 모든 부재력이 탄성범위 이내인 것을 확인하였다.(2.4.2 허용기준 참조)

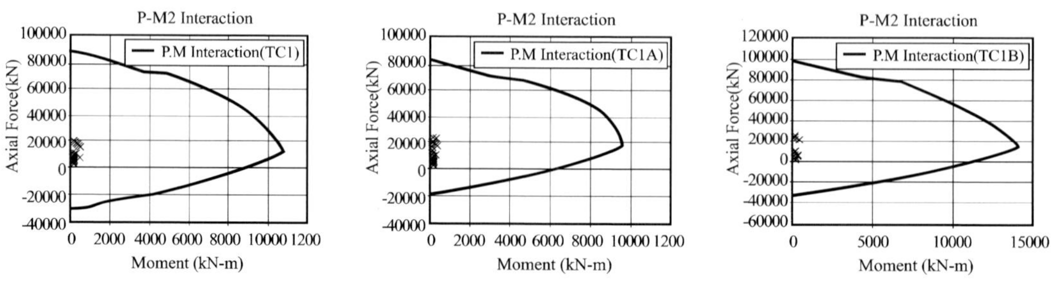

〈그림 8.8.6〉 기둥 부재의 P-M 평가

참고문헌

[1] 국토교통부. (2022) KDS 41 12 00:2022 - 건축물 설계하중. 국토교통부.

[2] 대한건축학회 & 한국콘크리트학회. (2025) 철근콘크리트 건축구조물의 성능기반 내진설계를 위한 비선형해석모델. 한국콘크리트학회.

[3] 대한건축학회. (2016) 건축구조기준 및 해설(KBC 2016). 대한건축학회.

[4] 한국강구조학회. (2023) 강구조물 성능기반 내진설계 및 평가 지침. 한국강구조학회

[5] Alinejad, H., & Kang, T. H. K. (2020). Engineering review of ASCE 7-16 wind-load provisions and wind effect on tall concrete-frame buildings. Journal of Structural Engineering, 146(6), 04020100.

[6] American Concrete Institute. (2019) Building Code Requirements for Structural Concrete(ACI 318-19) and Commentary(ACI 318R-19). ACI.

[7] American Society of Civil Engineers. (2020). Design and performance of tall buildings for wind (ASCE Manuals and Reports on Engineering Practice No. 143). American Society of Civil Engineers.

[8] Applied Technology Council. (2019) ATC Design Guide 3: Serviceability Design of Tall Buildings Under Wind Loads.

[9] Architectural Institute of Japan (AIJ) (2000). Damping in Buildings; Architectural Institute of Japan (AIJ).

[10] ASCE. (2012) Wind tunnel testing for buildings and other structures. ASCE/SEI 49-12. Reston, VA: ASCE.

[11] ASCE. (2020) Design and Performance of Tall Buildings for Wind(MOP 143). ASCE Manual of Practice No.143. ASCE.

[12] ASCE. (2022) Minimum design loads for buildings and other structures. ASCE/SEI 7-22. Reston, VA: ASCE.

[13] ASCE. (2023) Seismic evaluation and retrofit of existing buildings. ASCE

Standard ASCE/SEI 41-23. Reston, VA: ASCE.

[14] Australia/New Zealand (AS/NZS). (2021) Australian/New Zealand Standards, Structural Design Actions—Part 2, Wind Actions. AS/NZS 1170.2:2011.

[15] AWES, Q. (2019). Quality Assurance Manual: Wind Engineering Studies of Buildings. Australasian Wind Engineering Society.

[16] Bezabeh, M. A., Bitsuamlak, G. T., & Tesfamariam, S. (2021). Nonlinear dynamic response of single-degree-of-freedom systems subjected to along-wind loads. I: Parametric study. Journal of Structural Engineering, 147(11), 04021177.

[17] Bezabeh, M. A., Bitsuamlak, G. T., & Tesfamariam, S. (2021). Nonlinear dynamic response of single-degree-of-freedom systems subjected to along-wind loads. II: Implications for structural reliability. Journal of Structural Engineering, 147(11), 04021178.

[18] Cook, N. J., & Mayne, J. R. (1979). A novel working approach to the assessment of wind loads for equivalent static design. Journal of Wind Engineering and Industrial Aerodynamics, 4(2), 149-164.

[19] EN 1991-1-4:2005. (2005) Eurocode 1: Actions on structures - Part 1-4: General actions - Wind actions.

[20] Enrica Bernardini, Seymour M.J. Spence, Massimiliano Gioffrè, Effects of the aerodynamic uncertainties in HFFB loading schemes on the response of tall buildings with coupled dynamic modes, Engineering Structures, Volume 42, 2012, Pages 329-341, ISSN 0141-0296, https://doi.org/10.1016/j.engstruct.2012.04.030.

[21] Gavanski, E., & Kopp, G. A. (2011). Storm and gust duration effects on design wind loads for glass. Journal of Structural Engineering, 137(12), 1603-1610.

[22] Gavanski, E., Gurley, K. R., & Kopp, G. A. Uncertainties in the estimation of local peak pressures on low-rise buildings. Journal of Wind Engineering and Industrial Aerodynamics, under review.

[23] Ha, T., Shin, S.-H., & Kim, H. (2020). Damping and Natural Period Evaluation of Tall RC Buildings Using Full-Scale Data in Korea. Applied Sciences, 10(5), 1568. https://doi.org/10.3390/app10051568

[24] Haviland, R. (1976), "A study of the uncertainties in the fundamental translational periods and damping values for real buildings", Massachusetts Institute of Technology, PB-253,188.

[25] International Organization for Standardization. (2009) Wind actions on structures(ISO Standard No. 4354:2009).

[26] Jeong, S. Y., Alinejad, H., & Kang, T. H. K. (2021). Performance-based wind design of high-rise buildings using generated time-history wind loads. Journal of Structural Engineering, 147(9), 04021134.

[27] Kim, J. Y., Yu, E., Kim, D. Y., & Kim, S. D. (2009). Calibration of analytical models to assess wind-induced acceleration responses of tall buildings in serviceability level. Engineering Structures, 31(9), 2086-2096.

[28] Kim, J. Y., Yu, E., Kim, D. Y., & Tamura, Y. (2011). Long-term monitoring of wind-induced responses of a large-span roof structure. Journal of Wind Engineering and Industrial Aerodynamics, 99(9), 955-963.

[29] Kopp, G. A., Li, S. H., & Hong, H. P. (2021). Analysis of the duration of high winds during landfalling hurricanes. Frontiers in Built Environment, 7, 632069.

[30] Kwag, S., Gupta, A., Baugh, J., & Kim, H. S. (2021). Significance of multi-hazard risk in design of buildings under earthquake and wind loads. Engineering Structures, 243, 112623.

[31] Mohammadi, A., Azizinamini, A., Griffis, L., & Irwin, P. (2019). Performance assessment of an existing 47-story high-rise building under extreme wind loads. Journal of Structural Engineering, 145(1), 04018232.

[32] Park, S., & Yeo, D. (2021). Effects of aerodynamic pressure tap layout and resolution on estimated response of high-rise structures: A case study. Engineering Structures, 234, 111811.

[33] Peter A. Irwin, Wind engineering challenges of the new generation of super-tall buildings, Journal of Wind Engineering and Industrial Aerodynamics, Volume 97, Issues 7-8, 2009, Pages 328-334, ISSN 0167-6105, https://doi.org/10.1016/j.jweia.2009.05.001.

[34] Satake, N., Suda, K. I., Arakawa, T., Sasaki, A., & Tamura, Y. (2003). Damping evaluation using full-scale data of buildings in Japan. Journal of

structural engineering, 129(4), 470–477.

[35] Spence, S. M., & Kareem, A. (2014). Tall buildings and damping: a concept–based data–driven model. Journal of Structural Engineering, 140(5), 04014005.

[36] Tamura, Y. (2012). Amplitude dependency of damping in buildings and critical tip drift ratio. International Journal of High–Rise Buildings, 1(1), 1–13.

성능기반 내풍설계 지침 **정가 30,000원**

저　자 : (사)한국풍공학회 / (사)한국건축구조기술사회

발행인 : 임정대
발행처 : 도서출판 구미서관

발행 : 2025년 8월 22일

등록 : 1979년 6월 29일 No.9-6호
주소 : 서울시 마포구 신촌로 2길 5-15 구미빌딩
전화 : 02-333-1101
팩스 : 02-335-2201
http://www.goomibook.com

ISBN 979-11-6257-320-4 (93540)